KB149189

키스더유니버스

키스더유니버스

KBS 〈키스더유니버스〉 제작팀 지음

경이로운 우주가
인류에게 던지는 세 가지 화두

베가북스
VegaBooks

1부 지구 최후의 날

2부 화성 연류

3부 코스모스 사피엔스

프롤로그

2021년 여름 나는 미국 텍사스주 최남단의 보카치카(Bocachica)에 있었다. 멕시코와 국경을 가르는 리오그란데 강을 바라보면서 약간 흥분된 상태였다. 8월의 햇살이 육중한 무언가에 반사되어 반짝 빛났고, 이내 주변 사람들의 환호성과 박수가 터져 나왔다. 사상 최대 규모의 우주선 스타십(Starship) SN20이 발사체와 결합해서 몸길이 120m의 완전체를 자랑하며 최초로 공개된 순간이었다.

처음 목격한 스페이스X 화성행 우주선의 위용이라니! 비록 시제품(prototype)이긴 했지만, 현장에 있던 나는 온몸을 감싸는 짜릿한 전율을 느낄 수 있었다. 인간의 힘으로 화성을 탐험한다는 공상과학소설은 이제 현실이 되어가는가?

2022년을 앞둔 지금, 세계를 사로잡은 하나의 이야기가 있다. 바로 우주다.

우주는 '20만 년간 지구에 갇혀 살며 스스로 과학과 기술을 익힌 인류가 한계를 뛰어넘어 더 큰 도약과 모험에 나선다.'는 강력한 서사를 우리에게 선사한다. 지구는 태양을 중심으로 돌지만, 인간 사회는 이야기를 중심으로 움직인다고 했던가? '우주 덕후'는 물론 많은 평범한 사람까지 공상과학을 즐기듯 우주로 향하는 인류의 성장 서사에 화답하며 열광하고 있다.

단적인 예가 극성 추종자들을 몰고 다니는 세계 최고의 부자 일론 머스크와 그가 주도하는 인류의 화성 이주 및 다행성 종으로의 변신이다. 그뿐만이 아니다. 버진그룹 회장 리처드 브랜슨은 2021년 7월 11일 '버진 갤럭틱'의 우주 왕복선을 타고 고도 90km까지 상승한 뒤 돌아왔고, 아마존 창업자 제프 베이조스는 9일 뒤 '블루 오리진'의 준궤도 로켓을 타고 11분간 우주여행을 했다. 2021년은 민간 우주개발의 새로운 역사가 시작된 해로 기록될 것이다.

사실 우주로 나아가는 일은 인류의 오랜 꿈이었다. 로마 시대의 소설《진실한 이야기》에 바다를 항해하던 배가 회오리바람에 휩쓸려 달나라에 불시착하는 여행이 나올 정도였으니까 말이다. 먼 옛날 굶주림에서 벗어나고자 맹수와 싸우다 지친 몸을 동굴바닥에 눕힌 채 밤하늘의 별을 응시하던 인류는 문명을 일구고 마침내 우주 탄생의 비밀마저 밝혀내고 있다.

꿈 같았던 우주여행은 20세기에 현실이 되었고, 인류는 이제 우주라는 광대한 바다 앞에서 새로운 대항해시대의 돛을 올리고 있다. 비단길, 향신료길, 문명사를 돌이켜보면 새로운 길은 새로운 시대를 열어주었다. 우주 항로가 열릴 때 우리는 또 어떤 놀라운 시대를 맞이하게 될까?

미증유의 바이러스가 전 세계를 휩쓸던 지난 2년, 팬데믹의 위험을 무릅쓰고 우리는 우주 문명으로 변신 중인 인류의 모습을 취재했다. 나사, 스페이스X, 블루 오리진 등 우주산업의 최전선은 물론, 하와이 고지대의 화성 모의기지, 애리조나 사막의 거대 크레이터, 와이오밍 공룡 화석지 그리고 멕시코와 이탈리아에 남은 대멸종의 흔적까지 5개국을 누빈 결과물을 KBS 대기획 〈키스 더 유니버스〉라는 이름으로 방송했다. 체험형 다큐멘터리라는 새로운 형식에 담은 우주 이야기에 미래세대의 뜨거운 반응이 있었고 이제 그 내용을 책으로 풀어서 선보인다.

지구에 남은 우주의 흔적을 찾기 위해 현장을 함께 누빈 UCLA 데니스 홍 교수, 스튜디오에서 활약해준 한국천문연구원 심채경 박사, 한국의 STEM(과학, 기술, 공학, 수학) 교육을 위해 기꺼이 인터뷰에 응해준 뉴욕 헤이든 천문대의 닐 디그래스 타이슨 관장에게 이 자리를 빌려 감사드리고 싶다.

바닷가 절벽 위에 지어진 감옥을 탈출하는 일은 몬테크리스토(Monte-Cristo) 백작의 오랜 꿈이었다. 그는 14년간 갇혀 살던 섬을 탈출하여 엄청난 부와 명예를 거머쥐었다. 우주로 나아갈 인류는 어떤 미래를 거머쥐게 될까? 이 책이 당신 안에 잠들어 있는 도전과 탐험의 DNA를 일깨우기 바란다.

_KBS 프로듀서 송웅달

추천사

우리가 존재하는 지구 너머 우주는 어떤 모습일까요? 최근에 KBS와의 좋은 인연으로 〈키스 더 유니버스〉라는 우주 다큐멘터리에 참여하게 되었습니다. 사실 다큐멘터리는 처음이라 섭외 요청을 받고 '이런 큰 프로젝트에 나를?'이라는 생각을 하기도 했지만, 우리 모두가 깊게든 얕게든 우주의 별에 대한 관심을 가지고 있다 보니 재미있을 것 같기도 하고 한 번 도전해 봐도 좋겠다는 생각이 들었습니다.

사실 처음에는 내레이션만 할 것으로 생각했는데 포맷이 AR(Augmented Reality: 증강현실)이어서 뜻밖에 할 일이 많았습니다. 게다가 시청자는 이미 AR이 들어간 최종 이미지를 보게 되지만, 촬영 당시의 저에겐 아무것도 보이지 않는 상황이라 쉽지는 않았죠. 그래도 끝나고 보니 힘든 만큼 정말로 멋진 프로젝트였다는 뿌듯함이 느껴집니다.

우주라는 주제 자체는 어렵게 느껴지지만, 이 작품은 일반인의 눈높이에 맞게 만들어진 다큐멘터리라 생각보다 쉽고 재미있습니다. 개인적으로는 한국의 과학자들이 나와서 대한민국도 머지않은 미래에 달에 갈 수 있다고 이야기한 부분에서 뭐랄까 자부심도 느꼈어요. 과연 그날은 언제 올까, 나도 달에 갈 수 있을까, 생활비는 어느 정도 들어갈까 등 많은 생각이 들었고요. 지구가 잘 보이는 부동산은 가치도 더 높을 것이라는 이야기를 들었을 때는 불현듯 이것이 상상이 아니라 현실의 문제일 수도 있겠다는 생각이 들었습니다.

여러분들이 본 다큐멘터리를 글로 꼼꼼히 옮기고 보충한 책《키스 더 유니버스》의 출간을 앞두고 그 내용을 미리 살짝 읽어보았습니다. 방송 프로그램만으로는 좀 아쉽다고 느낀 분, 우주개발이나 우주여행에 관심을 두기 시작한 분, 그리고 모험심 가득한 청소년에게 이 책이 큰 도움을 줄 것이라 확신합니다. 다큐멘터리를 진행했던 저도《키스 더 유니버스》를 한 번 더 읽으면서 방송에 담지 못한 심화 내용도 알 수 있어서 좋았습니다.

우주 속의 먼지와 같이 작은 인간이 어떻게 무궁무진한 우주를 탐색해나갈까요? 독자 여러분도 그 생생한 현장의 이야기를 통해 지적 호기심을 충족시켜보길 바랍니다. 인간이란 존재의 가치를 깨닫는 기회가 될 것입니다.

_《키스 더 유니버스》를 당신에게, 주지훈

1부

지구 최후의 날

상상해보는 지구 최후의 날

우주는 왜 생겨났을까? 우주에도 끝이 있을까? 인류처럼 지성이 있는 생명체는 다른 곳에도 과연 존재할까? 우리가 사는 우주 외에도 어딘가에 또 다른 우주가 있을까?

태곳적부터 우리는 우주에 관한 여러 의문을 품어왔다. 우주를 떠올렸을 때 마음속에서 솟구치는 여러 물음에 답하기란 쉽지 않다. 어쩌면 우리가 가진 상상력으로는 우주가 얼마나 다양한 얼굴을 지니고 있는지 전부 그려볼 수 없을지도 모른다.

그렇다면 우리가 사는 지구는 어떨까? 138억 년의 역사를 가진 우주의 측면에서 본다면, 지구는 보잘것없는 먼지 한 톨에 불과하다. 하지만 광활한 우주 속에서 푸른 빛을 내뿜으며 유영하는 지구는 인류에게는 무척이나 특별한 존재이다. 아마도 인류에게 지구는 완벽한 안식처이자 모든 것이라고 할 수 있다. 하지만 동시에 한없이 연약한 존재이기도 하다. 가늠할 수 없는 우주의 질서 속에서 언제든 그 운명이 위태로워질 수 있는 존재, 지구. 우리가 누리고 있는 현재는 우주가 허락한 찰나의 평화에 불과할지도 모른다.

전쟁과 환경오염, 기후 변화, 그리고 다양한 인류 문명의 활동으로 인류는 지구의 생명을 위협하고 있다. 우리는 지구가 병들고 있다는 사실을 깨달아야 한다. 지구의 온도는 매해 상승하고 있고, 폭염과 폭우 등 이상기온으로 인한 재난 역시도 끊이질 않는다. 지구의 온도가 1°C 오를 때마다 우리가 살아갈 평범한 미래는 무너지게 된다. 하지만 여기에 인류가 걱정해야 할 또 다른 지구멸망의 위협이 있다.

여러분은 지구의 마지막 날을 상상해 본 적이 있는가? 그 최후의 순간을 상상하는 것은 그리 어렵지 않다. 당신은 차 뒷좌석에 앉아 창밖을 바라보고 있다. 라디오에서는 경쾌한 음악이 흐르고 있고, 하늘은 맑고 쾌청하다. 그 순간 운전을 하고 있던 사람이 깜짝 놀라 소리를 지른다.

"어, 저게 뭐야?"

라디오가 갑자기 지직대기 시작하더니 음악이 끊겼다. 핸드폰에서 경고음이 울리고, 거리를 걷던 사람들은 일제히 핸드폰을 꺼

예상할 수 있는 지구 멸망의 시나리오

내 바라본다. 사방에서 비상재난 문자가 쉴새 없이 울린다. 몽골 초원에서 풀을 뜯고 있던 양 떼 위로 그림자가 드리우고, 양들도 일제히 소란스럽게 울기 시작한다. 곧 프랑스의 에펠탑이 쓰러지고, 영국의 런던 아이(London Eye; 135m 높이에서 런던과 템스강을 내려다볼 수 있는 세계 최대의 관람차)가 불타오른다.

길 위에 있던 사람들은 당황하며 하나둘 도망치기 시작한다. 도시의 고층 빌딩은 이미 거대한 그림자에 삼켜졌다. 활활 타오르는 불덩어리가 하늘에서 떨어진다. 곧 화염이 시야를 가리고 당신은 정신을 잃고 만다.

마치 영화 속의 한 장면 같지만, 지구 최후의 날을 떠올린다면 충분히 상상할 수 있는 시나리오 중 하나이다. 수많은 SF 작품이 지구의 최후를 이야기하는 이유는 모두의 머릿속에 언제든 인류가 갑

자기 사라질 수 있다는 두려움이 깃들어 있기 때문일 것이다.

광막한 우주 속 한 점이자 소중한 생명의 요람인 지구에서 생명체가 모두 사라지는 날은 올까? 그 답이 궁금하다면, 우선 상상의 우주선을 타고 6,600만 년 전의 지구로 돌아가보자. 지구의 모든 비밀을 품고 있는 우주를 만나기 위해서 우리는 일단 과거로 새로운 여정을 떠나야 한다.

중생대의 최고 포식자 티라노사우루스

지구는 처음 만들어진 때부터 지금까지 크게 네 가지 시대로 분류된다. 선캄브리아대, 고생대, 중생대, 신생대이다. 우리가 사는 지금 이 시대는 구분되는 지질시대 중 가장 최근인 신생대로, 새를 제외한 모든 공룡이 멸종한 중생대 백악기의 대멸종 이후부터 현재까지를 의미한다.

스트로마톨라이트 화석

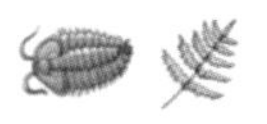
삼엽충, 양치류

공룡, 암모나이트

맘모스

선캄브리아대	고생대	중생대			신생대
		트라이아스기	쥐라기	백악기	
약 46억 년~6억 년 전	약 5억 8천만 년 ~ 2억 2천8백만 년 전	약 2억 2천 8백만 년 ~2억 8백만 년 전	약 2억 8백만 년 ~1억 4천5백만 년 전	약 1억 4천5백만 년 ~6천 5백만 년 전	약 6천 5백만 년 전~현재

지질시대의 구분

지금부터 6,600만 년 전은 백악기 말로 중생대에 속한다. 6,600

만 년 전 백악기 말, 당시 지구는 지금과는 매우 달랐다. 해수면이 더 높았고, 대륙은 지금보다 서로 더 가까이 붙어 있었다. 기온도 지금보다 8℃ 정도 높아서 덥고 습한 기후가 이어졌다. 새롭게 계절이 생겨났고, 이때 화산 활동이 가장 활발하게 일어났다.

생물의 진화에도 중요한 일들이 연이어 발생했다. 목련과 비슷하게 생긴 지구 역사상 최초의 꽃이 피어났고, 꿀벌과 나비 등의 곤충들도 탄생했다. 꽃가루를 옮기며 식물의 수정을 돕는 벌과 나비로 인해 다양한 식물 종이 번성하였고, 그 때문에 꽃가루를 먹고 자라는 새로운 종의 곤충들 역시 대거 탄생하였다. 나방, 개미, 딱정벌레 등 우리에게 친숙한 곤충들 역시 이때 생겨났다. 즉 자연 속에서 새로운 생명이 움트기 시작한 것이다. 하지만 이 땅의 지배자는 따로 있었다. 바로 공룡이었다.

저 밀리서 땅을 쿵쿵 울리며 거대한 공룡이 다가온다. 그 우람한 발이 땅에 닿을 때마다 대지가 흔들렸다. 세 개의 뿔을 가진 트리케라톱스(Triceratops)이다. 하늘에는 날개를 활짝 펼친 익룡, 프테라노돈(Pteranodon)이 날아다닌다. 땅에는 초식공룡을 위한 먹이가 풍부했기에 이 시기에는 수많은 종류의 초식공룡이 번성했다. 하지만 이때에도 약육강식의 질서가 있었기에, 우리에겐 위협적으로 보이는 거대한 초식공룡 역시 육식공룡들 앞에선 먹잇감일 뿐이었다.

공룡의 시대라 불리는 중생대는 크게 트라이아스기, 쥐라기, 백악기로 나뉜다.
공룡은 한때 지구의 지배자였다

초식공룡을 잡아먹는 육식공룡의 모습

평화롭게 수풀을 뜯어 먹고 있는 초식공룡의 목덜미를 또 다른 공룡이 잽싸게 물어뜯는다. 목덜미를 물어뜯긴 초식공룡의 짧은 포효가 하늘 위로 울려 퍼졌다. 만약 인류가 이 시절에 존재했다면 공룡 앞에서 맥을 못 추고 잡아먹혔을 것이다. 상상만 해도 무시무시한 일이다.

우리에게 잘 알려진 공룡의 제왕, 티라노사우루스(Tyrannosaurus) 역시 이때 등장한다. 또 다른 공룡이 먹이를 삼키는 도중 황급히 도망간다면, 티라노사우루스가 근처에 와있다는 신호일지도 모른다. 공룡들 사이에서도 그 위력을 자랑하는 티라노사우루스의 성체 길이는 약 12m, 몸무게는 무려 7.2t에 달한다.

그 크기가 상상되지 않는다면, 당신 옆에 티라노사우루스가 나란히 서 있는 장면을 떠올려보자. 그의 머리 하나는 당신의 키보다도 훌쩍 클 것이다. 대지가 흔들릴 정도로 큼지막한 티라노사우루스와 마주친다면 그대로 몸이 얼어붙는 공포를 느끼거나, 도저히 당해낼 수 없다고 실감할 것이다. 그 커다란 풍채에 엄청나다는 말이 절로 튀어나올 것이다. 인간의 몸을 훨씬 뛰어넘는 그 크기에 당신은 압도당하지 않을 수 있겠는가?

티라노사우루스의 입속엔 30cm 크기의 날카로운 이빨이 먹잇감을 물기 위해 때를 기다리고 있다. 만약 그에게 물린다면 미처 물렸다는 것을 인지하기도 전에 정신을 잃을 것이다. 그 무는 힘은 몸

컴퓨터 그래픽으로 만든 티라노사우루스 모형

무게 3t의 코끼리가 몸 전체로 짓누르는 것과 같다. 애초에 티라노사우루스의 이름 역시 '폭군 도마뱀'이라는 뜻에서 유래되었다. 그 이름에서 알 수 있듯이 그 어떤 동물보다 우악스러운 힘을 자랑한다. 실제 초식공룡들의 화석에서는 티라노사우루스의 이빨 자국이 발견되었다. 뼈까지 뚫어버릴 정도로 사나운 힘의 여파이다.

하지만 다행히 희망은 있다. 운이 좋아 티라노사우루스가 당신을 발견하지 않았다면 목숨을 건지는 것은 기대할 수 있다. 지금까지 연구된 바에 따르면 티라노사우루스의 보행 속도는 시속 5km가 채 되지 않기 때문이다. 이는 사람이 전속력으로 달린다면 도망칠 수 있는 속도이다. 재빨리 도망친다면 목숨을 잃는 불행을 피할 수도 있다.

티라노사우루스가 느리게 걷는 이유는 그의 육중한 꼬리 때문이다. 그는 꼬리를 세차게 흔들며 걸어가는데, 이 꼬리만 해도 1t에 육박한다. 꼬리를 흔드는 힘은 티라노사우루스가 몸을 앞으로 밀어내는 데 도움을 주는 동시에 몸의 균형을 잡아준다. 하지만 동시에 이 동작은 그의 보행 속도를 늦추게 만들 수밖에 없다. 다시 말해, 꼬리의 움직임으로 인해 추진력을 가지게 되어 에너지를 얻지만, 그 때문에 그의 평소 보행 속도는 느려질 수밖에 없다. 하지만 그렇다고 안심할 수는 없다. 여전히 그의 힘은 상상을 초월하고, 전력을 다해 달릴 때의 속도는 오히려 증가할 확률이 크기 때문이다. 그저 그가 당신을 먹잇감으로 생각하지 않기를 빌어야 할 것이다.

거대한 몸집 때문에 움직임이 둔하고 멍청하리라 생각하기 쉽지만, 티라노사우루스는 지능 면에서 침팬지와 맞먹을 정도로 똑똑했다. 시력도 굉장히 좋아서 무려 6km 밖에 있는 동물까지도 구별할 수 있었다. 눈을 날카롭게 반짝이며 먹잇감을 수색하는 티라노사우루스의 모습은 우둔함과는 거리가 멀어 보인다. 게다가 아무리 느리다고 하더라도 먹잇감을 발견하면, 최대 시속 40km로 달려가 먹이를 단숨에 제압하는 사냥꾼이었다.

물론 티라노사우루스의 특징에 대해선 학계에서도 여전히 의견이 분분하다. 날렵한 사냥꾼으로 보기도 하지만, 느림보 시체

<쥬라기 공원>의 한 장면. 무시무시한 속도로 인간들을 잡아먹기 위해 쫓아오고 있다

청소부로 여기는 의견도 있다. 1993년에 개봉한 스티븐 스필버그(Steven Spielberg)의 영화 〈쥬라기 공원(Jurassic Park)〉에 등장하는 티라노사우루스의 속도는 무려 시속 70km였다. 사람들 머릿속에 티라노사우루스의 무서움이 각인된 이유 역시 이 영화가 엄청난 흥행을 거뒀기 때문일 것이다. 영화 속 거대한 몸집에도 불구하고 빠르게 인간을 추격하는 티라노사우루스의 모습을 보자면 그 어떤 악역도 그에 대적할 순 없어 보인다.

하지만 1997년에 개봉한 속편 〈쥬라기 공원 2: 잃어버린 세계(The Lost World: Jurassic Park)〉에서는 티라노사우루스의 속도가 시속 30km로 현저하게 줄어든다. 4년 사이에 티라노사우루스의 속도가 크게 바뀐 데에는 스티븐 스필버그가 영화의 검수를 위해 조언을 요청했던 과학자마다 티라노사우루스의 속도에 대한 의견이 달랐기 때문이었다.

지금까지도 속도에 관해서는 여러 학설이 제기되고 있다. 이미 화석으로 남아 있는 티라노사우루스에 다시 달려보라고 할 수도 없는 노릇이다. 어쩌면 티라노사우루스는 날렵한 사냥꾼인 동시에 기회가 생기면 시체도 먹어 치우는 청소꾼이었을 수도 있다. 누구도 그의 살아 있을 적 모습을 보지는 못했다. 하지만 티라노사우루스가 이 시대 최고의 포식자라는 점은 이견이 없어 보인다.

잠시 엿본 백악기 말, 지구상에서 공룡을 대적할 존재는 없어 보였다. 대자연 속에서 공룡들은 저마다 삶의 터전을 가꾸며 살아갔다. 초원 위를 걸어가는 다양한 공룡들의 모습을 보면 이들의 시대는 영원히 끝나지 않을 것처럼 생각되었다. 하지만 지금 공룡의 존재는 마치 상상 속 동물처럼 아득하게 느껴진다.

공룡은 지구 생태계 최정점에서 무려 1억 6천만 년 동안 군림했다. 이는 인류 생존 기간의 약 마흔 배가 넘는 시간이다. 공룡의 입장에서 본다면 우리 인류는 이제 갓 태어난 갓난아기와 다를 바 없다는 것도 주목할만한 사실이다.

소행성, 그 무시무시한 정체의 기원

하지만 어느 날, 모든 것이 바뀌었다. 그토록 영원할 것 같던 공룡 제국 역시 단 한 순간에 파국을 맞았다. 평화로운 일상을 누리던 지구의 지배자는 그렇게 어느 날 갑자기 사라졌다. 이날 지구 생물종의 75%가 함께 사라졌다. 그토록 힘이 센 티라노사우루스마저 더는 이 지구에 존재하지 않는다. 그토록 무시무시한 사냥꾼조차 일순간에 소멸해 버렸다.

도대체 무슨 일이 벌어진 것일까? 지금껏 공룡이 역사 속에서 자취를 감추게 된 이유에 관해서 다양한 학설이 제기되어 왔다. 우선 중생대 말기에서 신생대 초기에 이르러 기온이 점차 떨어지게 되자 그 여파로 공룡이 멸종했다는 설은 다들 한 번쯤 접해보았을 것이다. 화산 활동과 해수면의 저하 역시 원인으로 언급되었다.

하지만 우리의 상상을 뛰어넘는, 예측할 수 없는 미지의 세계 우주에서도 그 답을 찾을 수 있다. 다양한 매체의 등장으로 우주는 이제 낯설지 않은 공간이 되었다. 수성, 금성, 지구, 화성, 목성, 토성, 천왕성, 해왕성과 이제는 태양계 행성에서 퇴출당한 명왕성까지. 그리고 하나 더 눈여겨봐야 할 손님이 있다. 바로 '소행성'이다. 지금껏 공룡 멸종의 가장 큰 원인으로 지목된 것은 다름 아닌 '소행성 충돌'이다. 대체 소행성이란 무엇이기에 지구의 생태계를 한순간에 뒤흔들 만큼 엄청난 파괴력을 가지고 있는 것일까?

소행성은 우주 공간에서 찾을 수 있는 거대한 암석 덩어리다. 최초의 소행성은 1801년에 발견된 세레스(Ceres)이다. 세레스 역시 처음엔 행성으로 여겨졌으나 비슷한 다른 개체들이 발견되며 소행성으로 분류되었다. 주위에서 흔하게 볼 수 있는 바위와 비슷한 크기를 가진 소행성도 있지만, 1,000km에 가까운 거대 소행성도 있다. 소행성의 기원은 어디에서부터 출발했을까?

지금으로부터 45억 년 전, 태양 주위를 돌고 있던 행성들의 파편이 떨어지며 스스로 부딪치기 시작했다. 그 대부분이 가스와 먼지로 이루어진 조각이었지만, 결집력을 가지고 모이면서 몸체를 키워 나갔다. 그렇게 표류하던 부스러기들은 서서히 뭉쳐져 소행성이 되었다.

우주 공간을 떠도는 소행성의 모습

일반적으로 소행성은 탄소 질로 이루어진 것, 돌의 성분으로 이루어진 것, 금속 성분으로 이루어진 것으로 나뉘는데 태양과 어느 정도 거리를 유지하는지에 따라 소행성의 구성 성분이 달라진다. 태양과 가장 가까운 거리에 있는 소행성의 주성분은 탄소(C)로 이루어졌으며, 태양과 멀어질수록 규산염이라는 암석으로 이뤄져 있다. 규산염은 산소(O)와 실리콘(Si)으로 이루어져 있으며, 지구의 지각을 이루는 주요 성분이기도 하다.

우리 지구가 속해 있는 태양계에는 8개의 행성이 태양 주위를 공전하고 있다. 태양계엔 이 8개 행성 외에도 위성과 소행성, 혜성 등 수많은 천체가 있다. 이 중 태양 근처로 오면서 물질을 내뿜으면 혜성, 그렇지 않으면 소행성이라고 부른다. 소행성은 목성의 거대한 중력에 붙들려서 주로 화성과 목성 사이에서 발견되며, 이곳을 소

소행성대는 거대한 도넛의 모양으로 태양계 안에서 공전하고 있다

목성의 모습

행성대라고 부른다. 소행성대는 거대한 도넛 모양을 띠며, 다른 행성들처럼 태양을 공전한다.

이 소행성 궤도에 지대한 영향을 미치는 존재는 바로 태양계의 최대 행성인 목성이다. 목성은 지구보다 300배나 무겁고, 부피 역시 1,300배나 크기 때문에 엄청난 중력을 가진다. 소행성 대부분은 이런 목성의 강한 중력 때문에 소행성대를 벗어나지 못한다. 하지만 일부는 궤도를 벗어나 목성과 충돌하거나, 태양계 안쪽 또는 바깥쪽으로 튕겨 나가기도 한다.

불과 물의 공습, 소행성 충돌의 그날

이제 지구상의 주인이었던 공룡이 자취를 감추게 된 시기로 떠나보자. 백악기 말, 누구도 닥쳐올 운명을 예상치 못했다. 공룡들은 아직 그들의 운명을 알지 못한 채 평화로이 초원을 거닐고 있었다. 하지만 저 멀리서 소행성 하나가 지구를 향해 추락하고 있었다.

지구로 날아든 이 소행성의 지름은 무려 10km이며, 에베레스트산 크기인 데다 총알보다 스무 배나 빠른 속도로 멕시코 지역을 강타했다. 영국 과학기술시설위원회(STFC; Science and Technology Facilities Council)가 슈퍼컴퓨터로 시뮬레이션한 결과 지구를 지옥으로 몰고 갈 가장 완벽한 각도로 소행성은 추락했다.

빠르게 돌진하던 소행성은 지구 대기권에 들어서며 엄청난 폭발을 일으켰다. 히로시마 원자폭탄의 200억 배가 넘는 위력이었다. 충돌과 함께 최초의 섬광이 번쩍였다. 빛은 멀리 떨어져 있는 공룡

지구로 돌진하는 소행성의 모습 상상도

의 눈을 멀게 할 만큼 강력했을 것이다. 섬광과 함께 발생한 열은 태양의 표면 온도보다 더 높이 치솟았다. 주변 1,000km 안의 모든 생명체가 녹거나, 불에 타 증발할 정도였다. 푸르른 지구는 이윽고 붉은 무대로 변해버렸다. 공룡은 그날의 목격자이자 희생자로, 눈앞에서 끔찍한 재앙이 펼쳐지는 것을 속수무책으로 바라볼 수밖에 없었다.

곧 엄청난 충격파가 대지를 뒤흔들었다. 단단한 바위를 가루로 만들어 버릴 정도의 위력이었다. 잘게 쪼개진 암석들은 하늘로 치솟았고, 대기권 밖까지 튀어 올랐던 암석들은 다시 불화살이 돼 지상으로 쏟아져 내렸다. 지구는 불바다로 변하기 시작했다.

위험은 여기서 끝이 아니었다. 격렬하게 요동치던 지구는 이내

소행성 충돌로 인해 고통받는 공룡 상상도

용광로처럼 끓어오르기 시작했다. 폭발음과 함께 갈라진 바닥 사이로 뜨거운 용암이 흘러나왔다. 이제 대지는 발을 딛을 수 없을 정도로 타오르고 있다. 진도 9 이상의 지진과 화산 폭발이 계속되었고 그로 인해 유독 가스가 배출되었다. 지구는 불지옥이 되었고, 가득 찬 증기로 인해 공룡의 그림자조차 찾아보기 힘들어졌다. 간신히 공룡의 비명 소리만이 들렸다.

이대로 불타올라 사라지는 것이 지구의 최후일까? 뜨거운 열기가 한차례 가라앉자 물의 공습이 시작되었다. 온 세상을 삼켜버릴 듯 거대한 파도가 밀려왔다. 지구를 쓸어버린 광대한 쓰나미는 가까스로 살아남은 공룡의 마지막 숨통까지 끊어 놓았다. 물과 불의 공습이 잇달아 일어난 그 날, 지구는 푸른 빛을 잃었다.

하지만 불행은 아직도 끝이 아니었다. 지금부터가 시작이었다. 엄청난 양의 먼지와 파편이 대기 중으로 퍼지기 시작했다. 이 먼지는 상층부에 있던 대기 바람에 의해 전 세계로 퍼지고 햇빛을 차단하고 하늘을 흐리게 만들었다. 폭발로 인한 연기와 재, 파편이 이미 먼지로 가득 찬 대기를 한층 더 어둡게 만들었다.

충돌로 인해 암석 속에 있던 막대한 양의 황(S)이 대기에 방출되어 에어로졸(aerosol; 기체 안에 매우 미세한 액체나 고체 입자들이 분산된 부유물)을 형성했다. 수십억 톤의 황과 먼지로 이뤄진 구름은 오랜 시간 지구 대기권을 떠돌며 햇빛을 차단했다. 검은 연기가 하늘을 가리고, 지구의 절반이 암석 증기로 뒤덮이게 되었다. 햇빛을 못 보게 된 지상의 생물들은 서서히 죽음의 길로 걸어나갔다.

수많은 생명을 품었던 지구는 한순간에 죽음의 장소가 되었다. 뉴욕 헤이든 천문대의 관장 닐 디그래스 타이슨(Neil deGrasse Tyson)은 공룡이 어떻게 멸종되었는지 그 시나리오를 자세히 이야기했다. 지구의 한쪽에 부딪힌 소행성은 지구를 뒤덮는 먼지구름을 만들어 햇빛이 뚫고 들어갈 수 없게 지구를 덮었다. 햇빛을 받지 못한 식물이 말라 죽기 시작하며 동물의 생존을 위협했다. 햇빛이 없다면 생명 전체 먹이사슬의 맨 밑단이 먼저 제거된다. 식물이 사라지며 먹을 것이 사라진 초식동물이 굶주리며 쓰러졌고, 이어서 초식동물을 사냥하던 육식동물도 큰 타격을 받았다. 햇빛 한 점 없는 어둠이

수년 동안 이어진 지구는 급속도로 얼어붙기 시작하며 곧 빙하기가 도래했다. 급격하게 떨어진 기온은 눈보라를 몰고 왔고, 바람은 매섭게 동물들을 스치고 지나갔다. 운 좋게 살아남은 동물들 역시 더는 버티지 못했다. 도미노 현상으로 인해, 먹이사슬로 얽혀 있던 생물들이 멸종에 이른 것이다.

불변하는 존재는 없다. 우리 모두 삶과 죽음의 고리 안에서 자연의 순리대로 생을 살아간다. 우연에 불과했던 작은 충돌이 지구의 운명을 바꿔 놓은 것처럼 어떤 사건이 인과가 되어 결과가 될지 아무도 알 수 없다. 생명의 고리는 연결되어 있어 한쪽에 균열이 일어나자 모든 것들이 따라 무너지기 시작했다.

잿빛의 지구는 오랫동안 광채를 잃은 채 우주를 부유했다. 소행성의 위력은 막대했다. 이 천재지변이 끼친 영향은 쉽사리 지워지지 않을 듯 보였다. 하지만 우리의 지구는 느리더라도 조금씩 옛 푸르름을 되찾아 나가기 시작했다. 숲을 회복하는 데에는 약 600만 년의 시간이 걸렸다. 비록 세계의 종말이 찾아오더라도 자연은 그것을 회복시킬 힘을 가지고 있는 것처럼 보인다.

숲이 회복된 이후, 지구를 구성하는 식물 생태계는 급변했다. 소행성 충돌 전후 시기 5만여 꽃가루 화석과 6,000여 나뭇잎 화석을 조사한 결과, 충돌 전에는 침엽수와 고사리 종류가 풍부했으나 소행성 충돌 후 식물 다양성이 약 45% 정도 감소했음을 알 수 있었다. 특히나 씨를 가지고 있는 식물을 주축으로 주로 멸종했다. 이후 식물 중에는 꽃을 피우는 속씨식물들이 지배종이 되었다.

시간이 지남에 따라 사람이 변화하는 것과 같이 지구 역시 계속해서 바뀌어 나갔다. 우리가 만나는 지금의 지구는 소행성 충돌 이후 새롭게 만난 지구일 것이다. 그렇게 인류는 다시금 생명이 약동하는 지구를 맞이한다.

소행성의 흔적을 찾아서 : 유카탄반도의 세노테

밀림 속을 걸어가는 사람들의 모습이 보인다. 이들은 어디로 향하고 있는 것일까? 이들이 찾아간 곳은 바로 세노테(Cenote)라고 부르는 신비로운 연못이다. 이 자연적인 싱크홀은 마야어로 '우물'을 뜻한다. 석회암이 깎여져 나가 자연적으로 형성된 샘터로 이곳에는 맑은 지하수가 흐른다. 예전부터 사람들은 물을 확보하기 위해 세노테 주변에 터를 잡고 생활했다. 지금은 아름답고 신비로운 장관을 보기 위해 많은 사람이 관광 명소로 즐겨 찾는다.

이 세노테는 어떻게 만들어진 것일까? 누군가 인공적으로 조성해 놓은 것일까? 세노테는 인류가 이곳에 정착하기 훨씬 이전에 만들어졌다. 자연은 때론 인간이 상상할 수 없는 진기한 작품을 만들어낸다.

멕시코 유카탄반도의 세노테

세노테는 멕시코 지역의 유카탄반도(Yucatan Peninsula)에서 흔히 찾아볼 수 있다. 이곳에는 약 6,000여 개의 세노테가 있으리라 추정된다. 아름다운 자연 경치로만 바라보기엔 이 거대한 지하수는 매우 중요한 비밀을 가지고 있다. 반원 모양으로 흩어진 싱크홀(sinkhole)은 소행성 충돌로 공룡이 멸종했다는 증거가 되기 때문이다. 이곳에 공룡 시대의 마지막 순간이 기록되어 있다.

실제 세노테는 공룡 시대뿐만이 아니라 인류의 역사도 담고 있다. 오래전에 멕시코 유카탄반도엔 마야(Maya) 문명이 자리 잡고 있었다. 마야인들은 세노테의 영적인 신비로움에 압도당해 세노테에서 종교적 의식을 치렀다. 예부터 인간의 힘으로는 도저히 이해하지 못할 기이한 자연의 모습은 숭배의 대상이 되었다. 기묘한 세노테의 지형은 신이 깃든다고 믿기에 충분했을 것이다.

하지만 신을 향한 마야인들의 두려움과 경외심은 또 다른 희생을 낳았다. 마야인들은 세노테에 제사를 지내며 공물을 바쳤다. 마야인들의 풍요와 안녕을 기원하며 진행된 이 의식의 공물에는 사람도 포함되어 있었다. 산소통을 메고 세노테 안으로 깊이 잠수해 밑바닥을 살펴보면 성인의 뼈는 물론, 어린아이의 뼈 역시 찾을 수 있다. 빛이 쏟아지는 수면 너머 깊숙한 바닥에는 인류의 잔혹한 역사가 숨어 있었다.

세노테 내부를 탐사하는 모습

세노테 안쪽에서 발견한 유골

하지만 세노테가 어떻게 공룡 시대를 증언하는 것일까? 조금 더 깊이 세노테 안쪽을 따라 헤엄쳐 보자. 미로처럼 얽혀 있는 내부를 따라 수영하다 보면 한 가지 사실을 깨달을 수 있다. 놀랍게도 이 연못들은 수중에서 서로 연결되어 있다. 한 입구로 들어오면 다른 세노테를 출구 삼아 나갈 수 있다.

이렇듯 세노테들은 각각 연결되어 유카탄반도의 서북부에 큰 반원을 그린다. 이러한 구조를 '세노테의 고리'라고 칭한다. 여러분은 아직 왜 이것이 공룡 시대를 증언할 수 있는지 감을 잡기가 힘들 것이다.

이 사실이 공룡 시대를 증언하는 데 어떤 도움을 주는지 알기 위해선 세노테의 탄생 배경을 들여다봐야 한다. 지금까지 많은 학자가 세노테가 어떻게 탄생했는지 알기 위해 연구해왔다. 멕시코 UNAM 대학교 지구물리학 교수인 하이메 우루티아 푸쿠가우치(Jaime Urrutia-Fucugauchi)는 지금은 무척이나 아름다운 이 지역에서 생물의 마지막 대규모 멸종이 일어났다고 이야기했다. 과학자들은 6,600만 년 전에 일어난 사건을 밝혀내기 위한 연구 끝에 놀라운 사실을 알아냈다. 세노테는 지름 180km의 거대한 칙술루브 크레이터(Chicxulub crater)의 일부분이었다는 점이다.

크레이터(crater)는 운석 충돌이나 화산 폭발, 또는 핵 폭발 등으

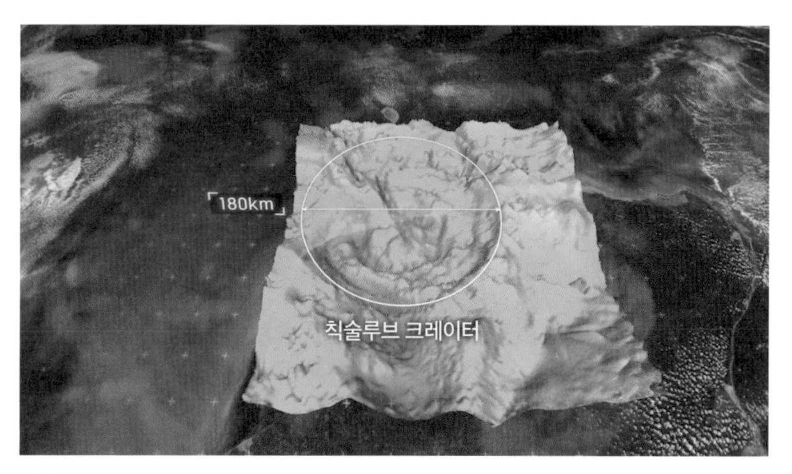

멕시코 유카탄주의 칙술루브에 가까워 칙술루브 크레이터라는 이름이 붙었다

로 만들어진 구덩이를 뜻한다. 칙술루브 크레이터는 지구상에 존재하는 가장 큰 충돌 구로 유카탄반도 남서쪽에서 북서쪽으로 뻗어 나가며 기울어진 타원 형태로 남아 있다. 학자들은 6,600만 년 전에 이곳에서 소행성 충돌이 발생했다고 추정한다. 칙술루브 크레이터가 생성되면서 그 영향으로 세노테도 만들어졌다는 사실이 새롭게 밝혀진 것이다. 세노테는 6,600만 년 전 일어났던 우주적 이벤트의 증거물인 셈이다. 푸쿠가우치 박사는 공룡 멸종의 원인이 소행성의 칙술루브 충돌 때문이었다고 밝히며, 칙술루브 크레이터는 생물의 진화를 바꿔 놓은 중요한 멸종 중 하나를 알려주는 지표라고 이야기했다.

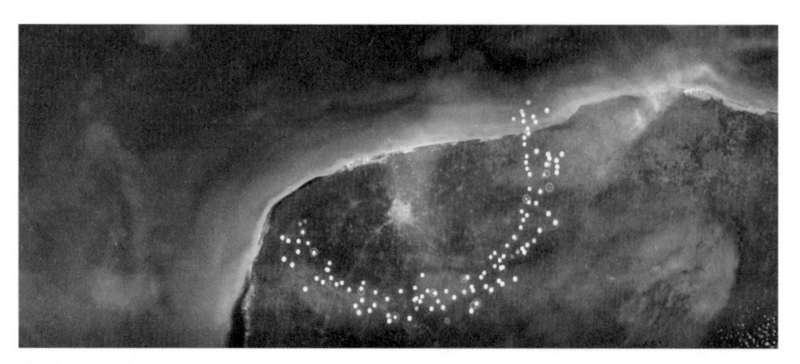
칙술루브 크레이터

그렇다면 좀 더 자세히 세노테의 생성 원리를 살펴보자. 소행성이 충돌하면서 넓은 구덩이가 만들어졌고, 시간이 지나면서 그 위에 석회암 지층이 쌓였다. 그 후, 가장자리를 따라 석회암이 함몰되면서 반원 모양의 세노테 고리가 만들어졌다. 그저 우연의 산물로만 여겨졌던 세노테에도 우주의 흔적이 깃들어있음을 알게 되면서 우리가 바라보는 모든 것이 우주로부터 멀지 않음을 은유적으로 느낄 수 있다. 우주는 생각보다 우리 가까이에 존재한다.

소행성 충돌은 칙술루브 크레이터 지역뿐만 아니라 멕시코만과 카리브해를 둘러싼 지역에도 지대한 영향을 끼쳤다. 실제로 충돌 지점에서 꽤 멀리 떨어진 유럽, 아프리카, 남아메리카에서도 충돌의 영향을 파악할 수 있다. 상상하기 힘들겠지만, 지구의 허파라고도 불리는 아마존(Amazon)의 열대우림 역시 소행성 충돌이 없었다

지구의 허파로 불렸던 아마존의 숲

면 지금과는 완전히 다른 모습일 것이다. 공룡의 멸종은 숲의 지형도를 완전히 새롭게 바꾸어 놓았다.

이는 소행성 충돌로 식물 종이 변화한 것과도 맥이 닿아 있다. 예전에 공룡이 지구의 지배자였던 시절, 그들의 움직임은 식물 생태계에 큰 영향을 끼쳤다. 공룡들이 나무를 먹어 치우는 모습을 상상하면 이해가 갈 것이다. 그들은 한번 식사를 하기 위해 주변의 낮은 나무들을 거대한 몸으로 으스러뜨렸다. 수풀 바닥에 낮게 자라는 싹들은 공룡의 희생양이 되어야만 했다. 움직이지 못한 채로 공룡의 발에 밟히는 가엾은 식물 입장에서 공룡의 멸종은 어쩌면 기쁜 소식일 수도 있다.

공룡이 멸종한 후 낮은 지대에서 자라나는 식물들은 안심하고 위로 가지를 뻗기 시작했다. 아마존의 촘촘한 열대우림은 그렇게 한때 지구의 허파가 되어 탄소를 흡수하고 산소를 내뿜었다. 물론,

최근 들어 극심한 벌목과 가뭄, 산불 등으로 아마존 역시 그 기능을 잃어가고 있지만 말이다.

소행성 충돌로부터 기나긴 밤이 지나왔다. 하지만 여전히 인류는 우주에 관한 치열한 고민을 품고 있다. 그래서 우리는 시간을 거슬러 우리가 살지 못한 지구의 발자취를 들여다보기 위해 그 흔적을 추적하고 있다. 우리가 관심을 가진다면 밀림 속 연못이나 우거진 수풀 사이에서도 우주의 숨결을 읽을 수 있다. 불가사의한 우주의 비밀이 지구 곳곳에 숨겨져 있다는 사실을 안다면 우리가 사는 지구가 조금 더 흥미롭게 느껴지지 않을까?

화석에서 찾는 지구 종말의 발자취 1 : 미국 와이오밍주

세노테의 발견은 놀랍지만, 연못 밑바닥에서 공룡의 뼈라도 발견하길 기대했다면 실망할 수도 있다. 직접 공룡 뼈를 눈에 보기 전에는 소행성 충돌로 공룡이 멸종했다는 사실을 쉬이 인정하기 어려울 수도 있다. 아직 실망하기엔 이르다. '지구 한 귀퉁이에 떨어진 소행성이 정말 공룡 멸종의 원인이었을까?'라는 질문에 완벽한 해답을 내려주길 바란다면 찾아 가봐야 할 장소가 있다. 또 다른 증거를 찾기 위해 미국 와이오밍주로 가보자.

와이오밍주(State of Wyoming)는 미국에서 공룡 뼈 화석이 가장 많이 발굴되는 장소 중 하나이다. 와이오밍 공룡센터의 한 사이트에서만 2,000개가 넘는 공룡 화석이 발견되었다. 미국 중서부 지역을 관통하는 이른바 헬 크리크 지역은 1억 6,000만 년 전에 공룡들이

공룡의 역사를 배울 수 있는 와이오밍 공룡센터

살기에 매우 좋은 환경이었다. 트리케라톱스, 티라노사우루스, 안킬로사우루스(Ankylosaurus) 등 이름만 들어도 알 만한 유명한 공룡들의 서식지이기도 했다. 하지만 동시에 이곳은 그들의 공동묘지이기도 하다.

노스 다코타(North Dakota), 사우스 다코타(South Dakota), 몬태나(Montana), 와이오밍주에서 이들의 화석을 찾아볼 수 있다. 화석 위 켜켜이 쌓인 흙에서 그 세월의 흔적을 느낄 수 있다. 이른바 헬 크리크 지층(Hell Creek Formation)으로 불리며, 지구 역사의 비밀을 간직한 화석들이 대규모로 매장되어 있다.

특히, 헬 크리크 지층에서는 백악기 후기 공룡의 화석들이 많이 발굴되었다. 이 지역에 대규모 화석 매장지가 있다는 사실은 먼 옛날 공룡 시대를 거울처럼 비추면서도, 동시에 소행성 충돌로 인해 공룡이 한순간에 멸종했다는 증거로 추정할 수 있다.

공룡이 살았던 시간은 더는 이곳에 존재하지 않지만, 여전히 공룡은 우리 곁에 머물고 있다. 황무지로 보이는 흙더미 앞에서 가족 단위의 사람들이 모여 무언가를 찾고 있다. 이들이 발굴하는 것은 다름 아닌 화석이다. 와이오밍에 있는 공룡센터에서는 일반인도 유료로 화석발굴 현장을 체험할 수 있다.

곳곳에서 아이들의 웃음소리가 끊이지 않는다. 공룡이 멸종된 현장을 보기 위해 먼 곳에서 찾아오는 가족들이 많기 때문이다. 어린아이들은 새로운 공룡 뼈를 발굴하기 위해 온 신경을 집중해 흙을 파헤치고 있다. 혹시 운이 좋아 당신이 이곳에서 새로운 공룡 뼈를 발견한다면, 당신의 이름으로 불리는 공룡이 탄생할 수도 있다. 새로운 공룡을 최초로 발견한 사람은 자신의 이름을 붙일 수 있기 때문이다.

사람들은 기대에 부푼 얼굴로 흙더미를 유심히 파헤치고 있다. 어쩌면 그들 역시 미니티라노사우루스라고 불리는 알로사우루스(Allosaurus) 같은 공룡의 화석을 발견할지도 모른다. 특히나 와이오밍주에서는 알로사우루스의 이빨이 많이 발견된다.

화석발굴 현장에서 화석을 찾는 모습

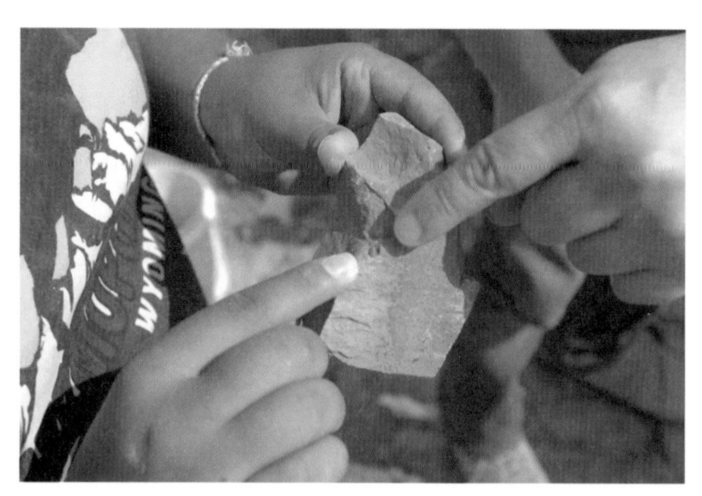

이곳에서 자주 발견되는 카마라사우루스의 뼈로 카마라사우루스는 이곳에서 발견되는 가장 작은 초식 공룡이다

발견되는 공룡 뼈 중 가장 작은 것은 카마라사우루스(Camarasaurus)이다. 하지만 작다고 얕보면 곤란하다. 카마라사우루스의 원래 몸은 20t에 육박한다. 그 잔해가 제아무리 작아도 절대 그 본연의 모습은 결코 하찮지 않다. 와이오밍 공룡센터의 관계자는 이 지역을 발굴한 지 20년이 넘었으며, 하나의 사이트에서만 벌써 2,000여 개가 넘는 뼈를 발견했다고 한다.

화석에서 찾는 지구 종말의 발자취 2 : 이탈리오 구비오, 미국 노스 다코타

이러한 소행성 충돌의 흔적은 전 지구적으로 발견되고 있다. 월터 알바레즈(Walter Alvarez)와 그의 아버지인 루이스 알바레즈(Luis Alvarez)는 이탈리아 구비오(Gubbio) 지역의 지층을 연구하면서 이상한 점을 발견했다. 한 지층에 이상하리만큼 많은 양의 이리듐이 축적되어 있던 것이다.

이리듐(Ir, iridium)은 밀도가 매우 높아 지층에 쌓여있는 경우가 매우 드문 원소이다. 특히나 한 지역에서 이리듐의 양이 30배나 높게 검출되었다는 사실은 이 지역에서 어떠한 사건이 발생했다는 것을 보여준다. 피렌체 대학의 고생물학 교수 시모네타 모네치(Simonetta Monechi)도 이리듐은 지구 가장 안쪽에서만 볼 수 있으며, 지구 표면에서는 보기 힘들다고 언급했다.

이탈리아의 구비오 지역은 위와 아래를 가르는 지층의 구성 요소가 다르다

그렇다면 이유는 무엇일까? 이 책을 읽고 있는 여러분은 이제 그 이유를 쉽게 예측할 수 있다. 이리듐은 주로 운석과 혜성에서 발견되는 원소이다. 알바레즈 부자 역시 처음부터 소행성 충돌을 원인으로 꼽지는 않았다. 그들은 초신성[1]이 나타난 것이 아닐까 하는 합리적 의심을 가졌다. 하지만 그렇다면 이리듐뿐만 아닌 다른 주요 원소들 역시 함께 많은 양이 검출되었어야 했지만 그렇지 않았다. 그러자 이들은 자연스레 소행성을 떠올리게 되었고, 당시 소행성이 지구와 충돌했다는 가설이 발표되자 그 의견을 적극적으로 수용해 소행성 시나리오를 그리기 시작했다.

1 별의 진화의 최종 단계에서 대폭발을 일으켜 밝기가 태양의 수억 내지 백억 배에 달하는 신성

구비오 지역의 암석의 지층을 분석해보면 지질을 구성하는 요소가 다르다

알바레즈 부자는 소행성이 대지와 충돌하면서 그 충격으로 소행성에 있던 원소인 이리듐이 지구 표면으로 흩뿌려졌다는 의견을 제기했다. 처음부터 이 의견이 환영받은 것은 아니었다. 많은 사람이 이 가설을 믿지는 않았다. 지금까지 우리 모두가 과학적 진실이라고 믿는 가설은 처음 주장되었을 때 반발을 샀다. 지금 우리는 지구가 태양을 공전한다는 사실을 당연하게 믿지만, 이 사실을 옹호했다는 이유만으로 갈릴레오 갈릴레이는 재판까지 받아야 했다.

하지만 시간이 지남에 따라 여러 곳에서 동시대 소행성의 흔적이 발견되면서 이 주장 역시 힘을 얻기 시작했다. 특히, 멕시코만에서 석유 시추 작업 도중 거대한 크레이터가 발견되면서 소행성 충돌설은 거의 정설로 굳어졌다.

구비오 지역의 지층을 연구하던 과학자들은 6,600만 년 전에 위아래 경계선을 중심으로 바위의 구성물이 갑작스레 변하는 것 즉, 지층에 남겨진 생물들의 종류가 완전히 달라졌다는 점을 발견했다. 이 검은 선 밑으로는 생물들의 묘지가 쌓여있다.

우르바노 대학(Pontifical Urban University)의 지구환경과학 교수인 시모네 갈레오티(Simone Galeotti)는 암석이 처음 만들어진 시기에는 지구에 아직 공룡이 존재했다는 것을 알 수 있다고 했다. 그 뒤 소행성이 지구 표면과 충돌하며 공룡이 멸종했고 그 후의 암석이 만들어진 시기에는 더 이상 공룡은 존재하지 않는다고 설명했다.

이는 K-T 경계라고도 불리는데 백악기에서 백묵을 뜻하는 'Kreta'와 신생대 제3기 'Tertiary'에서 따와 이름을 붙였다. 이러한 K-T 경계는 앞서 언급된 유카탄반도는 물론 전 세계 곳곳에서 발견되고 있다. K-T 경계의 중간에는 생물의 종을 가르는 어두운 선이 있다.

이것은 미국 노스 다코타 헬 크리크 지층에서 대규모 생물이 묻힌 언덕을 발견한 것과 궤를 같이한다. 노스 다코타는 유카탄반도의 소행성 충돌 지점에서 약 3,000km 떨어져 있다. 이곳을 발굴한 캔자스 대학교의 박사과정 연구원 로버트 드 팔마(Robert De Palma)는 이 지층에 물고기 화석, 곤충, 모사사우루스(Mosasaurus; 해룡), 트라케라톱스, 암모나이트(Ammonoid) 등이 탄 나무들과 함께 섞여서 쌓

물고기의 화석을 고스란히 확인할 수 있다(© Robert De Palma)

여있다고 이야기했다. 이곳에 이렇게 다양한 생물의 화석이 존재하는 이유는 유카탄반도에 떨어진 소행성 충돌 때문이었다. 운석 충돌의 충격으로 인해 진도 10~11의 강력한 지진이 바다를 끓게 해서 수 미터 높이의 쓰나미가 이곳을 덮쳤기 때문이다. 거대한 쓰나미는 일순간 모든 것을 쓸어버려 생명의 불씨를 꺼트렸다.

위의 사진 속에서 물고기의 흔적을 찾을 수 있겠는가? 바위틈 사이 그대로 박제된 물고기를 통해 잔혹한 역사의 현장을 오롯이 느낄 수 있다. 갑작스러운 쓰나미에 많은 생물이 살아남기 어려웠을 것이다. 진흙과 바위, 모래들이 한순간에 생물의 주위를 에워싸 숨통을 끊어 놓았고, 이들은 쓸려온 그 자리에서 굳어 화석이 되었다. 뒤죽박죽으로 뒤섞인 화석의 위치 역시 이러한 현상의 결과이다.

고생물학자이자 볼로냐 대학(Università di Bologna)의 부교수인 페데리코 판티(Federico Fanti) 박사는 노스 다코타의 화석은 지구 역사에서 매우 중요한 발견이 될 수 있다고 꼽았다. 지금껏 소행성이 지구에 추락하는 순간, 당일의 상황을 생생히 묘사하는 화석 매장지를 찾기 어려웠다. 학자들 역시 이렇게 대규모로 화석이 퇴적된 유사 지역을 발견하리라 예상치 못했다.

지구 종말의 순간을 나타내는 이 거대한 무덤이 발견되자 학계는 술렁이기 시작했다. 다양한 생물이 한날한시에 죽음에 이르렀다는 것을 추정할 수 있는 무덤을 발견하였기 때문에 소행성 충돌 시나리오는 충분한 증거를 얻게 된 것이다. 또한, 동물의 화석이 퇴적된 곳에서는 소행성 충돌 가설을 뒷받침하는 또 다른 증거 역시 찾을 수 있었다.

그 증거는 바로 텍타이트(tektite)라고 불리는 유리구슬이다. 이 작은 유리구슬은 소행성 출동을 입증하는 결정적 단서가 되는데, 주로 바닷물고기 화석의 아가미에서 발견되었다. 텍타이트는 소행성이 지구와 충돌하는 순간, 녹아 섞인 암석 입자들이 하늘로 솟구쳐 올라갔다가 식으며 떨어져 만들어졌다. 이렇게 떨어진 텍타이트를 물고기가 흡입하였고, 그렇기 때문에 물고기 화석의 아가미 부

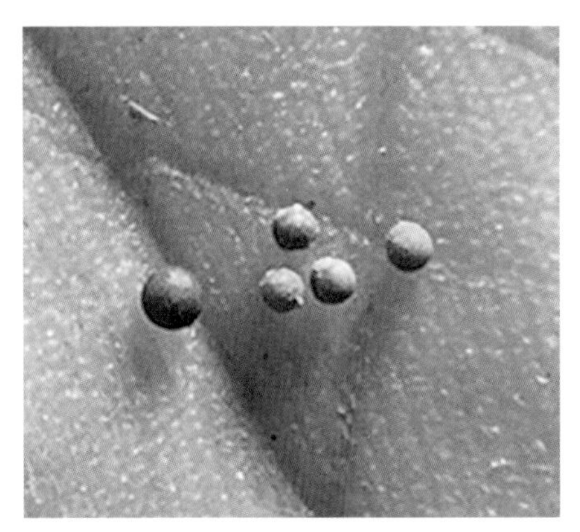

노스 다코타 지역에서 발견된 텍타이트(© David A. Kring)

근에서 텍타이트가 발견된 것이다.

이 텍타이트의 성분을 분석한 결과, 칙술루브 소행성으로 인해 만들어진 텍타이트와 주요 화학 성분이 일치했다. 즉, 이곳에서 발견된 모든 증거는 소행성 충돌 가설과 연결되어 있었다.

베린저
크레이터

아직 지구 곳곳에는 우리를 놀랍게 할 수많은 소행성의 잔재들이 남아 있다. 우리는 우주가 벌여놓은 다양한 사건의 흔적을 이어서 역사로 다시 재구성하는 시도를 하고 있다. 낯설고 생경한 풍경으로 가득한 지구를 관측하다 보면 인간은 정말 우주 속에 아주 작은 존재처럼 느껴지기도 한다. 잠시 걸음을 멈추고 심호흡을 해보자. 아직 우리가 찾아 나서야 할 길은 한참 남았다. 지구에 남겨진 소행성의 흔적을 모두 다 발견하기 위해서는 전 세계 곳곳을 유랑해야만 한다.

당신은 지평선을 바라본 적이 있는가? 우리는 '지평선'이라는 단어를 알고 있지만, 실제 땅의 끝이 하늘과 맞닿는 선을 바라보기란 쉽지 않다. 도시는 건물들로 빽빽이 가득 차 있어 시야가 탁 트인

넓은 대지를 볼 수 없게 한다.

때론 마음을 비우고 드넓은 황야를 바라본다면, 일상의 분노나 괴로움을 조금은 잊을 수 있을 것이다. 자연은 그저 그곳에 존재하는 것만으로 때론 우리 마음을 위로해준다. 불이 타오르는 장면을 멍하니 쳐다보거나, 파도가 부딪치며 쓸려오는 소리를 가만히 듣고 있는 것만으로도 슬픔이 잠잠해진다. 그래서 사람들은 인간의 힘으론 도저히 만들어낼 수 없는 대자연의 정취를 느끼고자 새로운 장소를 찾아 나선다.

미국 애리조나 사막 한가운데 위치한 베린저 크레이터(Barringer Crater)는 지름 1.2km, 깊이 230m의 거대한 크기를 자랑한다. 사막 한가운데 존재하는 이 큼지막한 구덩이는 우리 모두를 놀라게 한다. 그 규모를 눈앞에서 직접 본다면 당신은 자연히 신의 존재를 떠올릴 수밖에 없을 것이다. 이 광대한 구덩이는 너무나 크기 때문에 원근감에 대한 감각마저 사라져버릴지 모른다. 인간이란 존재는 자연 앞에서 한없이 작게 느껴질 수밖에 없다.

옛날 사람들에겐 이러한 자연의 모습은 쉽사리 이해하기 어려운 것이었다. 그들은 외계에서 날아온 거대한 소행성이 이 크레이터를 만들었으리라 추측했다. 이해할 수 없는 존재를 만났을 때 인류는 미지의 존재를 상상하거나, 외부로부터 발생한 무언가가 지구를 침범했다고 생각했다. 눈 앞에 펼쳐진 크레이터의 크기를 생각한다

미국 애리조나 사막의 베린저 크레이터

미국 애리조나 사막의 베린저 크레이터. 인간의 존재는 자연 앞에서는 굉장히 작아 보인다

면, 이러한 생각은 충분히 받아들일 만하다.

미국의 사업가 베린저(Barringer)는 이 크레이터에서 소행성을 발견하면 많은 돈을 벌 수 있을 것이라 기대했다. 크레이터의 크기가 어마어마하기 때문에 크레이터를 만들어낸 소행성 역시 그 크기가 상당할 것이라 예상했다. 그래서 소행성 발굴에 막대한 돈을 투자했다. 하지만 그 결과는 꽤 실망스러웠다. 26년 동안이나 땅을 팠지만, 결국 그 운석을 찾지 못했다. 실제로 훗날 밝혀진 운석의 크기는 기대와는 달리 45m에 불과했다.

상식적으로 수십 미터에 불과한 소행성이 그토록 굉장한 크레이터를 만들었다는 것이 도통 믿어지지 않을 것이다. 어떻게 조그마한 소행성이 이토록 큰 흔적을 만들어낸 것일까?

믿기지 않는다면 다음의 예를 생각해보자. 콩알만 한 총알을 30cm 두께의 콘크리트에 쏘아 올리면 엄청난 폭음과 함께 지구의 크레이터와 비슷한 모양이 만들어진다. 작은 물체라 하더라도 고속으로 충돌하면 엄청난 파괴력을 가질 수 있기 때문이다. 하지만 총알은 단순히 물리적 충돌에 불과하지만, 소행성 충돌은 그 경우가 다르다.

대기권을 뚫어버릴 정도로 빠르고 큰 소행성은 지표면에 부딪히는 순간 거대한 폭발을 일으킨다. 우주에서 날아온 소행성은

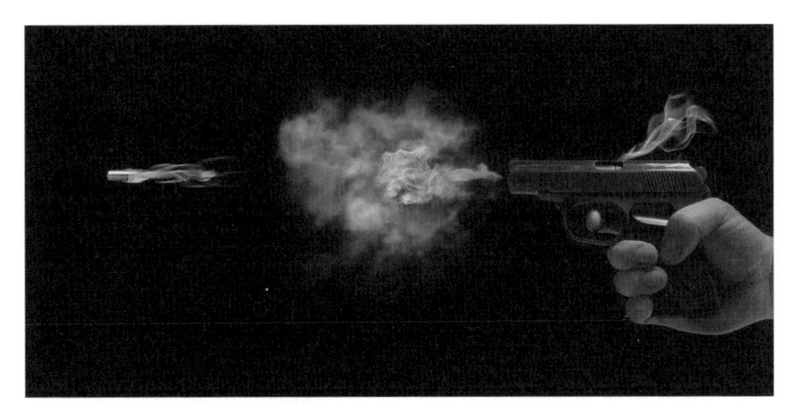

일반적인 권총의 총알 속도는 300~400m/s이다

420,000km/h의 속도로 날아와 충돌 지점으로부터 9km의 거의 모든 것을 불태워 소멸시켰다. 인류는 핵폭탄을 발명하고 나서야 소행성의 위력을 알게 되었다. 유카탄반도에 떨어진 소행성은 히로시마에 떨어진 원자폭탄의 최소 200억 배에서 최대 9,000억 배에 달하는 파괴력을 가지고 있었다.

우리는 지금까지 소행성이 지구에 충돌했던 흔적을 찾아 나섰다. 지구가 볼링공만 하다면, 소행성은 모래알 하나의 크기에 불과했다. 하지만 이 먼지 부스러기의 위력은 그 어떤 핵폭탄보다 강했다.

만약 유카탄반도에 떨어진 것과 같이 지름 10km의 소행성이 지금의 지구에 떨어진다면 어떤 일이 벌어질까? 그 피해는 상상을 초월할 것이다. 불벼락과 지진, 쓰나미가 전 세계를 강타하고 우리는 공룡처럼 최후의 날을 맞이하게 될지도 모른다. 이것만이 끝이 아니다. 대재앙 이후에는 과거 공룡이 겪은 것처럼 급격한 기후 변화를 맞이할 것이다. 과연 인류는 이 재난을 극복할 수 있을까?

반대로 소행성이 살짝이라도 비켜나가 지구와 충돌하지 않았더라면 지금의 지구 역시 전혀 다른 모습을 가지고 있었을 것이다. 인류는 이 지구에서 공룡과 함께 살아가고 있을까? 어쩌면 공룡이 군림하는 지구에서 인류 문명은 아직도 꽃피우지 못했을 수도 있다.

소행성 충돌은 순전히 우연에 불과했다. 하지만 6,600만 년 전의 우주 이벤트를 돌아보며, 우리는 지구의 운명이 우주가 만든 우연한 사건 하나에도 얼마나 뒤바뀔 수 있는지, 더불어 우리가 얼마나 우주적인 존재인지 알 수 있다. 사소한 우주의 한 사건이 인류 전체의 삶을 순식간에 바꾸어놓을 수 있다는 것도 알게 되었다.

아직 지구는 위험하다

지구와 가장 가까운 천체는 무엇일까? 많은 사람이 달이라고 대답할 것이다. 인류에게도 달은 낯선 존재가 아니다. 달은 언제나 우리 곁에 있다. 당신의 기억 속엔 달을 향해 소원을 빌었던 경험이나 달이 쫓아온다며 하늘을 가리켰던 경험이 한 번쯤은 있을 듯하다. 인류에게 달은 언제나 영감을 불어 넣어주는 존재였다. 지금 당장 가사에 '달'이 들어가는 노래를 떠올려보자. 아마 쉽게 떠올릴 수 있을 것이다.

달 이야기를 꺼내는 이유는 달에서도 소행성의 흔적을 찾아볼 수 있기 때문이다. 하늘에 떠 있는 달을 보면 그 표면이 매끄럽고 부드러워 보이지만, 가까이서 살펴보면 달 표면은 흉터투성이다. 달 표면에 보이는 움푹 파인 큰 구덩이 모양의 지형도 역시 크레이터라 불리는데, 이 흉터의 대부분은 소행성 충돌로 생겨난 자국이다. 달

달에는 크레이터가 약 30만 개 정도 있다고 추정된다

에는 이러한 크레이터가 즐비해 있다. 달이 이 정도라면 지구에는 훨씬 더 많은 소행성 충돌이 있었을 텐데 왜 지구에는 달과 같은 크레이터가 많지 않은 것일까? 유독 달에만 소행성 충돌이 많이 일어났던 것일까? 그렇지는 않다. 지구 역시 달과 마찬가지로 크고 작은 소행성 충돌이 계속 일어났지만, 대기의 풍화작용으로 지금은 그 흔적이 잘 보이지 않을 뿐이다. 지금, 이 순간에도 수많은 우주 부스러기들이 지구 대기에 부딪히고 있다.

우리는 지금껏 소행성의 무시무시한 위력에 관해 이야기를 나누었다. 소행성 충돌이 이토록 빈번하게 일어났다니 놀랍게 느껴진다. 지금도 매일 적어도 100t의 행성 간 물질이 지구로 비 오듯 떨어지고 있다고 한다. 다만 우리가 이들의 존재조차 느끼지 못하는 데는 그들이 너무 작아서 대기권에서 타 없어지거나 지구 표면의 대부분을 차지하는 바다에 떨어지기 때문에 미처 알지 못하기 때문이다. 그렇다면 지금의 소행성은 과연 안전하다고 볼 수 있을까?

속단하기엔 이르다. 소행성은 여전히 우리 인류의 삶을 위협하고 있다. 혹시 여러분은 '국제 소행성의 날'을 들어본 적이 있는가? 2015년 6월 30일 처음으로 국제 소행성의 날이 지정되었다. 110여 년 전 1908년 6월 30일, 거대한 소행성이 러시아 퉁구스카 지역에 충돌한 것에서 유래되었다. 그날 아침, 아무도 이러한 큰 사건이 발생하리라고 예상하지 못했다. 근처에 살고 있던 농부인 세묘노프 씨는 농산물 거래소에 앉아 있다가 퉁구스카 쪽 숲을 보고는 그저 큰불이 났다고 생각했다. 그런데 그 순간, 큰 소리와 함께 강한 충격이 뒤따랐고 그는 그 충격으로 거래소 현관에서 몇 미터나 날아가 바닥에 내동댕이쳤다.

폭발 지점에서 65km나 떨어져 있음에도 그는 셔츠에 불이 붙은 것처럼 뜨거움을 느꼈다. 그날 이곳을 찾아온 것은 지름 50m에 달하는 소행성이었다. 이 소행성은 지구의 대기와 충돌하며 폭발했다. 공중 폭발의 위력은 두 배 정도 크기 때문에 이 충돌로 무려 2,200km^{2}에 걸친 숲이 초토화됐고, 그 후로도 몇 주 동안 지구촌 곳곳에서 강한 지자기 폭풍(지구 자기권의 일시적인 혼란)과 백야 등의 이상 현상이 지속하였다. 2,200km^{2}는 서울 면적의 3.5배 정도 되는 넓이로 인적이 드문 외딴 시베리아 숲에 떨어져서 그나마 다행이었다.

1908년 퉁구스카 대폭발 모습

이 소행성의 충돌은 큰 도시 하나를 날려버릴 수 있을 정도로 살벌한 위력을 가졌다.

이뿐만이 아니었다. 2013년 러시아 첼랴빈스크 지역에서는 마른하늘에 날벼락 같은 일이 벌어졌다. 지상 30km 상공에서 소행성이 폭발해 운석 소나기가 쏟아진 것이다. 충격파로 건물 수천 채의 유리창이 모조리 깨지고, 1,500명이 유리 파편에 맞아 부상을 입었다. 지름 약 20m에 불과한 미니 소행성이었지만, 이 충돌은 히로시마 원자폭탄 수십 개 정도의 위력이었다.

이 사건을 계기로 인류는 공포와 경계의 눈빛으로 소행성을 다시금 바라보게 되었다. 우주의 별 무리가 우리 삶과 전혀 떨어진

첼랴빈스크주 상공에서 폭발한 소행성 모습(© YOUTUBE)

존재가 아니라는 것을 알게 된 것이다.

앞서 언급했듯이 대부분의 소행성은 목성의 강력한 중력으로 인해 소행성대를 벗어나지 못하지만, 이 중 일부는 궤도를 이탈해 화성을 지나 지구로 향한다. 이러한 소행성을 가리켜 지구 근접 소행성이라 부른다. 지금까지 확인된 지구 근접 소행성은 약 26,000여 개다.

하지만 26,000개의 소행성이 모두 지구를 위협하지는 않는다. 그래도 이중 지구를 위협할 정도로 가까운 소행성은 약 2,200개에 이른다. 지름이 140m가 넘고 충돌 확률이 100억 분의 1 이상의 소행성만 지구위협 소행성으로 분류하는데 이 정도 크기의 소행성이 지구와 충돌하면 한반도보다도 더 큰 영역이 한순간에 초토화될 수 있다. 자칫하면 막대한 인명 피해는 물론 우리 삶의 터전 자체가 사라져버리게 된다.

한국을 비롯한 세계 23개국에서 2015년 6월 30일에 제1회 '소행성의 날' 행사를 공동 개최했다. 소행성에 대한 대중의 관심을 높이기 위해 전 지구적 차원에서 기획된 행사였다. 우리가 국제 소행성의 날을 기리는 까닭은 소행성 충돌의 비극을 잊지 않으며, 지구에 위협적일 수 있는 소행성을 추적·관찰하는 활동의 중요함을 널리 알리기 위함이다.

소행성의 날 선언문에는 많은 이들이 그 뜻을 기리기 위해 서명에 참여했다. 왕립천문학자 마틴 리즈 경(Lord Martin Rees), 영화 〈인터스텔라(Interstellar)〉의 자문 과학을 담당한 킵 손(Kip Thorne), 영국 록 밴드 퀸(Queen)의 기타리스트이자 천문학자인 브라이언 메이(Brian May), 생물학자 리처드 도킨스(Richard Dawkins) 등 저명한 과학자와 각계각층의 유명인사 100여 명은 소행성의 날에 적극적으로 동참하겠다는 의지를 밝혔다. 우리나라에서도 전 미래창조과학부 장관 최문기를 비롯하여 생물학자 최재천, 영화감독 장준환, 시사평론가 정관용, 만화가 윤태호, 미디어 아티스트 송호준 등 각 분야를 대표하는 전문가들이 함께 서명에 참여했다. 다음은 이날 발표된 소행성의 날 선포문이다.

소행성의 날 선포문

우리는 조상들이 물려준 아름다운 지구를 후손들에게 온전한 삶의 터전으로 다시 전해줄 의무가 있다. 그러나 우리는 지금 다양한 환경 문제에 직면해 있으며, 보다 쾌적하고 안전한 삶을 위해 지혜를 모아야 한다.

소행성의 지구 충돌은 자연재해 가운데 발생빈도가 낮지만, 실제로 일어날 경우 우리 가족과 사회, 인류 문명에 미치게 될 피해는 매우 심각하다. 다만 다른 재해와 달리 예측하고 대비할 수 있다는 점에 우리는 주목한다.

도시를 파괴할 수 있는 근지구 소행성 100만여 개가 태양 주변을 공전하는 것으로 추정되지만, 우리가 궤도를 아는 것은 단 1%, 즉 만 개에 지나지 않는다. 우리는 이를 해결하는데 필요한 기술이 있으며, 최근 국내에서는 위협이 되는 소행성을 발견하고 물리적 특성을 밝히는 연구에 착수했다.

이에, 책임 있는 국제사회의 일원으로서 우리는 아래와 같이 실천한다.

1. 정부와 민간 부문, 자선단체의 지원을 바탕으로 우리가 가진 기술을 활용해 인류에 위협이 되는 근지구 소행성을 검출하고 추적한다.
2. 향후 10년간 근지구 소행성의 검출, 추적 건수를 100배 늘려 매년 10만 개를 새로 발견한다.
3. 2015년 6월 30일을 소행성의 날로 선포하여 소행성 충돌 재난의 위험성을 널리 알리고 이에 대비하기 위한 국제 공동의 노력을 강화한다.

우리는 과학자와 예술가, 언론인, 기업인, 일반 시민과 함께 충돌 재난에 대한 우려를 공유하면서, 소행성으로 인한 재난을 막아 우리 삶의 터전인 하나뿐인 지구를 보전하려는 국제적인 노력에 적극 참여한다.

2015년 6월 30일

하늘과 별 국민 포럼 대표 최문기 외 102인

일반인들이 보기에 소행성을 기린다는 것이 다소 낯설게 느껴질 수 있겠지만, 이 선언문을 읽으면 우리에게 소행성의 존재가 얼마나 중요한지 느낄 수 있을 것이다. 선언문에서 우리 삶의 터전 지구를 지키기 위해서 각 분야에서 활동하는 사람들의 마음을 읽을 수 있다. 또한, 우리가 모르는 사이 전 세계 곳곳에서 우리 지구의 미래를 위해 노력하고 있음도 알 수 있다. 지금도 전 세계에서는 지구 위협 소행성을 발견하고 추적하는 탐사 관측 활동이 계속해서 진행되고 있다. 매일 아침, 아무런 일도 일어나지 않은 채로 평범한 하루를 시작할 수 있다는 것은 어쩌면 우리에게 기적 같은 일이다.

그런데 어쩌면 미래를 걱정해야 하는 순간이 곧 다가올지도 모른다. 천문학자들은 2029년, 지구와 소행성이 충돌할 가능성이 있다고 문제를 제기했다. 우리를 위협하는 많은 소행성 중 특출나게 눈에 띄는 존재가 나타난 것이다.

소행성
아포피스

그 주인공은 바로 소행성 '아포시스(Apophis)'이다. 아포시스는 지난 2004년 처음 발견된 이래, 지구로 충돌할 가능성이 꾸준히 제기되어 왔다. 그 이름조차 무시무시하다. 아포시스는 이집트 신화 속에 등장하는 '아펩'이라는 신의 이름을 따와 붙인 이름으로 '악의 신'을 의미한다. 이 소행성이 이렇게 살벌한 이름으로 불리게 된 이유는 아포시스가 100년 이내 지구 충돌 확률이 100만분의 1보다 높은 지구 위협 소행성 네 개 중 하나로 꼽히기 때문이다.

아포피스는 10년 주기로 지구에 근접해 2029년에 지구 상공 30,000km까지 다가온다. 2029년에 지구와 충돌할 확률이 2.7%에 달한다고 하니, 소행성 충돌이 아주 먼일은 아닐 것이다. 아포시스의 위력이 상상되지 않는다면 지구상의 건물과 비교해보면 그 위력을 짐작할 수 있을 것이다.

소행성 아포피스가 지구에 다가오는 모습을 상상한 그림

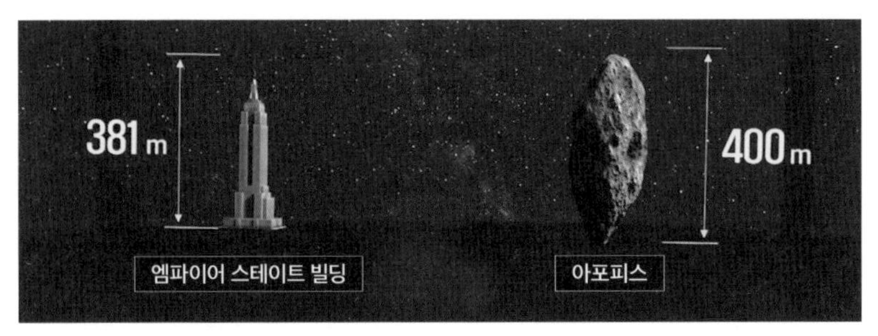

엠파이어 스테이트 빌딩과 아포피스의 크기 비교

미국 엠파이어 스테이트 빌딩의 크기는 381m인데, 아포피스의 크기는 400m에 달한다. 그 말은 즉, 빌딩만 한 소행성이 지구의 뺨을 스치고 지나간다는 뜻이다. 상상이나 할 수 있겠는가? 한국천문연구원(KASI; Korea Astronomy & Space Science Institute)에 따르면 지름 20~50m급 소행성만 하더라도 도시 하나를 파괴할 수 있는 위력을 가지고 있다고 한다. 앞서 러시아 퉁구스카에 떨어진 소행성의 크기는 지름 50m인데, 아포시스의 지름은 400m에 육박한다. 아포피스의 폭발력을 추정하면 히로시마 원자폭탄의 80,000배에 이른다고 볼 수 있다. 만에 하나 아포피스가 지구와 충돌한다면 인류는 재앙을 피할 수 없을 것이다.

소행성의 지름	10m	30m	100m	300m	1km	10km
TNT 폭발력	0.1메가톤	2메가톤	80메가톤	200메가톤	8만 메가톤	8천만 메가톤
피해 수준	창문 파괴	나무 파괴	1km 충돌구 형성	5km 충돌구, 쓰나미 발생	유럽 대륙 전체 초토화	지구를 지배하던 종의 멸종

소행성 지름별 피해 수준(출처: 위키백과)

앞 페이지의 표를 살펴보면 각 소행성의 크기마다 지구에 어떤 피해가 생기는지 이해할 수 있다. 물론 지구를 위험에 빠뜨리는 소행성의 출현 빈도 자체는 그리 높지 않다. 하지만 그 매우 낮은 확률로도 우리 인류는 큰 피해를 입을 수 있다.

우리를 위험에 빠뜨리는 소행성 충돌을 어떻게 막을 수 있을까? 우리는 우주가 내던진 주사위에 그저 운명을 맡겨둬야만 할까? 그렇지 않다. 인류는 공룡과는 분명히 다르다.

과학자들은 아포피스가 SF 영화 〈딥 임팩트(Deep Impact)〉처럼 지구와 충돌하진 않을 거라고 예상한다. 하지만 그렇다고 지구가 안전할 것이라고 완전히 안심하기엔 이르다. 최영준 한국천문연구원 우주과학본부장은 “아직 아포피스는 아주 멀리서 관찰한 것이 전부이기 때문에 길쭉한 감자 모양을 하고 있다고 추정할 뿐”이라고 이야기했다. 하지만 혹시라도 아포피스가 두 개의 천체가 맞닿아 있는 눈사람 모양일 경우, 지구에 근접했을 때 균열이 생겨 소행성이 두 개로 나뉠 확률도 있다고 밝혔다. 아포피스가 두 개로 나뉘어져 그중 큰 덩어리 일부가 지구 근처로 온다면 충돌하지 않으리란 보장이 없다.

이 모든 것은 인류가 상상할 수 있는 최악의 시나리오 중 일부이다. 중요한 것은 지구 근처에 있는 소행성들을 꾸준히 관찰해서 그

<딥 임팩트>에서 소행성이 추락하는 장면

중에서 지구를 위험에 빠트릴 수 있는 행성을 찾아내는 것이다. 미리 발견하기만 한다면 어떻게 해서든 재앙을 피할 영화 같은 기술을 현재 인류는 가지고 있다. 다행히 현재 인류가 가진 기술로 지름 300~400m 소행성의 궤도를 바꾸는 것은 충분히 가능하다. 그러니 인류가 이대로 사라지지 않을까 지나치게 걱정할 필요는 없다. 소행성을 폭발시키거나, 궤도를 살짝 수정케 하는 등 지구를 지킬 새로운 방법을 찾을 수 있기 때문이다.

지구 지킴이는
우리 주변에 있다

세상을 지키는 영웅을 생각하면 어떤 사람이 가장 먼저 떠오르는가? 가장 먼저 휘황찬란한 영화 속의 영웅들이 떠오를 수 있다. 이들은 전 우주를 배경으로 목숨을 걸고 거대한 전투를 벌이거나, 초능력이나 낯선 외계의 힘과 기술을 바탕으로 우리가 예상할 수 없는 장대한 서사를 보여준다. 하지만 현실 속 지구를 지키는 영웅들의 싸움은 조금 다르다. 건물이 무너지고, 도시가 불타는 시끌벅적한 싸움은 아니더라도 지구를 지키기 위한 인류의 싸움은 지금도 계속되고 있다. 오히려 이 싸움은 아주 고요하다.

미국 캔자스주의 외딴집에 사는 게리 허그(Gary Hug)는 해가 지면 분주해진다. 그가 서둘러 발걸음을 옮겨 도착한 곳은 그가 직접 제작한 개인 천문대이다. 하늘이 어두워지면 그는 이곳에서 오롯이

게리 허그의 작업실

게리 허그가 작업하는 모습

자신만의 시간을 보낸다. 넓은 작업실에는 우주 관측을 위한 각종 장비가 모여 있다. 게리 허그는 이미 아마추어 천문학자로도 널리 알려진 유명한 인물이다. 그의 놀라운 발견은 지역 언론에 보도되었으며, 지금껏 많은 과학 관련 상을 받았다.

"저는 천체 망원경으로 우주에 있는 소행성이나 지구 대기권으로 안 들어왔으면 하는 물체들을 확인하는 일을 좋아합니다." 그는 직접 만든 천체 망원경을 통해 우주를 관측한다. 이 망원경은 무려 540kg의 꽤 육중한 무게로, 광학 장치의 직경은 56cm이다. 하늘을 바라보기에 꽤 괜찮은 크기이다.

그는 2013년 1월 잠재적 위협 소행성을 발견했다. 그날은 매우 추운 날이었다. 그는 지구를 위협할 소행성을 발견하자마자 나사 지구근접물체센터에 연락했다. 이 소행성은 현재 지구를 위협하는 2,000여 개의 잠재적 위협 소행성 목록에 올라가 있다.

빛으로 가득한 밤하늘엔 낭만이 가득하다. 하늘을 그대로 엎지른 것처럼 쏟아지는 별들의 향연은 우리 마음을 애틋하게 만들어준다. 마음이 울적하거나, 무엇도 해결할 수 없을 것 같은 먹먹한 날에 하늘을 바라보며 마음을 잠재웠던 날들이 여러분에게도 있었을 것이다. 아무도 답을 알려주지 않는 순간에도 우주는 조용히 우주의 할 일을 한다. 나의 고민과는 아랑곳없이 아름다움은 그저 그곳

2013년 게리 허그가 발견한 소행성의 모습

에 있다. 이해 없이도 누군가를 사랑할 수 있는 것처럼, 우주의 원리를 전부 다 알지 못한다 하더라도 우주를 사랑할 수 있다. 하지만 때론 사랑은 우리 자신을 파괴하기도 한다. 우리를 가장 지독하게 아프게 하는 것 역시 사랑임을 여러분도 잘 알 것이다. 우주의 아름다움 역시 우리에게 언젠가 위협으로 닥칠 수 있다.

이제부터는 우주가 우리에게 줄지도 모르는 시련과 고통에 대비해야 한다. 게리 허그처럼 혼자 묵묵히 우리 지구에 찾아올 위험을 위해 노력하는 이들 덕분에 우리는 우주의 경이로움만을 기억할지 모른다. 하지만 개인적인 노력만으로는 우주로부터 찾아오는 위협에 충분히 대비할 수 없다. 국제적인 공조 역시 필수적이다. 당신이 알지 못하는 이 순간에도, 세계 각국의 천문대에서는 지구 근접 소행성을 관측하고 있다.

소행성에 대처하는 각국 정부의 노력

대전의 한국천문연구원에서 운용하는 관측시스템 아울넷(OWL-Net)은 우주물체 관측 전용 네트워크 망원경이다. 아울넷이라는 이름에서 예측할 수 있듯이, 밤에 깨어나 활동하는 올빼미를 본떠 24시간 잠들지 않고 우주를 관측한다. 아울넷은 세계 총 5곳에 설치되어 무인으로 운영되고 있다.

한국천문연구원의 김명진 연구원은 한 나라에서 밤이 지속되는 기간은 정해져 있으므로 우리나라에서 관측하다가 해가 뜨면 몽골이나 모로코, 이스라엘 등에서 연속적으로 관측할 수 있도록 아울넷을 배치했다고 전했다. 다섯 개의 관측소는 해가 뜨지 않는 어두운 밤을 관찰하기 위해 독자적 네트워크를 구축하고 있다. 지금 이 순간에도, 세계 각국에서 관측한 소행성이 매일매일 업데이

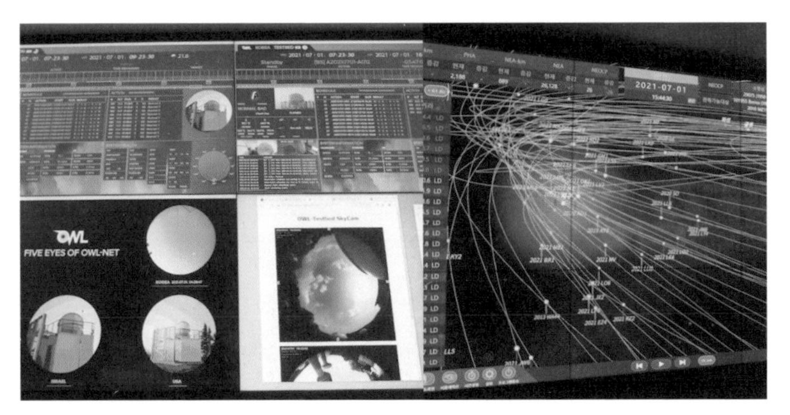

24시간 우주를 관측하고 있는 아울넷

트되고 있다. 우주를 향한 지구의 노력은 멈추지 않는다. 하루에도 몇 개씩 새롭게 소행성이 발견되어 이름이 붙여지고 있다.

우주 관측의 기술은 계속 진보하고 있다. 소행성의 위협에 대비하기 위해 유럽우주국에서는 완전히 새로운 개념의 망원경을 제작하고 있다. 이 망원경의 이름은 플라이 아이(Fly Eye), 즉 파리 눈이다. 왜 하필 파리의 눈일까? 징그럽게 생겨 파리의 모습을 상상하는 것을 꺼릴 수도 있겠지만, 파리의 눈을 자세히 들여다보면 그 해답을 알 수 있다.

OHB 이탈리아 선임연구원 로렌조 치빈은 다음과 같이 설명했다. 플라이 아이 망원경은 파리 눈이 가지고 있는 시각기관의 모습

플라이 아이

을 모방했다. 파리는 육각형의 눈을 가지고 있어 관찰력이 매우 뛰어나다. 이 망원경은 공간을 16개의 작은 범위로 나눈다. 그래서 한 지점만을 바라보는 일반 망원경과 달리 여러 개의 눈이 달린 플라이 아이 망원경은 넓은 면적을 한꺼번에 관측할 수 있다. 또한, 달과 은하계를 제외하고 하룻밤에 관찰 가능한 하늘을 스캔할 수 있다.

이와 같은 관찰을 통해 시민의 안전을 책임지는 기관들은 위험 지역에서 필요한 조치를 할 수 있으며, 시민들을 안전하게 대피시킬 수 있다고 밝혔다. 플라이 아이는 소행성 충돌이 예상되는 지역에 최소 일주일 전 경보를 내릴 수 있다.

우주 관측 기술은 날로 발달하고 있다. 인간의 눈으로는 볼 수 없던 저 너머의 세계가 우리에게 한층 가까워졌다. 하지만 이것으로 충분할까? 사실 관측만으로는 부족하다. 가장 좋은 방법은 지구를 향해 다가오는 소행성의 궤도를 바꾸어 지구를 향하지 않도록 빗겨나가게 하는 것이다.

나사(NASA; National Aeronautics and Space Administration)는 이 생각을 구현하기 위한 시도를 하고 있다. 2021년 11월 발사 예정인 다트(DART) 우주선은 한 개의 위성을 가진 소행성 디디모스(Didymos)를 향해 날아갈 것이다. 그리고 다트 우주선은 디디모스의 위성 디모르포스(Dimorphos)에 충돌할 것이다. 만약 계획대로 된다면 위성 궤도는 수정되어 방향을 틀 것이다. 말 그대로 지구 위협 소행성을 제거하기 위한 지구방위계획 테스트 미션인 셈이다.

"우리가 공룡처럼 되지 않기 위해 필요한 것은 소행성으로부터 우리를 보호하는 방법입니다." 닐 디그래스 타이슨 관장은 소행성이 우리를 비켜나가게 하는 것이 가장 쉬운 해결책임을 강조했다. 또한, 우리는 지구라는 행성을 공유하고 있으며, 로켓을 가진 나라, 배를 만들 수 있는 나라, 과학이나 공학이 발전한 나라가 서로 도와서 지구와의 충돌 위험이 있는 소행성을 비켜나가게 해서 전 세계를 구할 수 있다고 언급했다.

나사의 디모르포스 명중 계획

계획이 성공한다면 위성의 궤도가 달라질 것이다

지구에선 매일 크고 작은 싸움이 벌어진다. 하지만 우주는 오래 전부터 이야기하고 있다. 뒤로 돌아서면 서로 적대하는 이 세계에서 우리는 서로를 위해 함께 손을 잡아야 한다고. 우리가 우리 스스로를 구원하기 위해서 말이다.

그럼에도 소행성이 우리에게 중요한 이유

소행성은 오직 인류에게 위협이 되는 걸까? 어쩌면 소행성은 우주가 지구에 보내준 선물일지도 모른다. 선물이라고? 지금껏 소행성으로부터 지구를 지키기 위한 인류의 다양한 시도를 지켜보았는데 선물이라는 말에 의아할 수 있다. 하지만 활발하게 진행되는 소행성 연구의 목적은 비단 충돌의 위협 때문만은 아니다. 물론 한 번의 충돌로도 인류 문명 전체가 붕괴할 수 있다는 점은 우리가 소행성 연구를 하는 가장 크고 중요한 이유이다. 하지만 오직 그 사실만이 우리가 소행성을 탐구하는 이유는 아니다. 우리가 이 작은 천체들을 연구하는 데에는 여러 가지 까닭이 있다.

인간은 언제나 질문하는 존재이다. 태초에 인간을 깨운 힘도 바로 질문이었다. 인간의 원죄라고도 부르는 호기심이 없었다면 우리는 아직 에덴동산에서 추방되지 않은 채 낙원을 향유하고 있었을지도 모른다. 하지만 인간은 늘 새로운 것을 탐구하며 정진하는 존재이다. 우리는 도달하지 못한 세계의 비밀을 찾고자 한다. 그런 의미에서 소행성은 그 무엇보다 지구의 근원에 닿아 있는 존재이다.

무엇보다 소행성은 태양계의 기원을 밝히는 단서가 된다. 소행성과 혜성은 46억 년 전, 태양계가 형성될 당시 살아남은 '화석'과 같은 존재이기 때문이다. 46억 년 전 우주의 여러 미행성들이 충돌하고 뭉쳐져 행성이 됐을 때 이 소행성들은 태양과 충돌해 사라지지도 않고, 태양계 밖으로 쫓겨나지도 않고, 다른 행성의 재료가 되지 않고 살아남았다. 소행성은 그 자체로 태양계 초기의 환경을 오롯이 담고 있는 셈이다. 행성과 혜성을 조사하면 우리는 태양계 초기의 환경을 알아낼 수 있다.

그러므로 소행성은 우리에게 오래된 도서관과 같다. 수많은 고서가 이곳에 꽂혀있다. 우리가 맞는 서가를 찾기만 한다면, 우리는 오래된 미래를 만날 수도 있다.

극지연구소(KOPRI)에서는 팬데믹 이전 매년 남극에서 운석 탐사를 진행해왔다. 남극의 청빙 지역은 운석의 보고이다. 이곳은 세계 각국에서 탐험대를 파견해 탐사하는 곳이기도 하다. 드물게 발견되는 운석들은 연구원들을 무척 흥분시킨다. 이곳에서 발견되는 소행성의 잔해는 태양계의 역사와 지구 생명 탄생의 비밀을 품은 우주의 타임캡슐이다.

극지연구소의 이종익 박사는 2014년 37kg의 운석을 발견하고 감격스러워했다. "지난 8년간 운석을 찾은 모든 신기록을 깨버렸습니다. 상당히 기대되고…. 행복해서 더 이상 말을 못 하겠습니다." 그가 이토록 기뻐하는 이유는 운석 안에는 우주에서 유래하는 다양한 원소와 물 성분이 들어있기 때문이다.

소행성 충돌은 지구 생명을 절멸시킬 만큼 위력적이다. 하지만 한 가지 면만을 가진 사람은 없듯이 소행성 역시 파괴자의 면모만을 가진 것은 아니다. 믿기지 않겠지만, 과학자들은 지구 생명이 태동하는 데 소행성이 결정적인 역할을 했다고 주장했다.

약 46억 년, 초창기 원시 지구의 표면은 다양한 크기의 천체들과 부딪히며 생긴 열로 인해 용암의 바다와 같았다. 태양계 역시 혼돈 그 자체였다. 태양계에는 지금보다 훨씬 많은 행성이 있었는데, 이 중 거대한 행성 하나가 갑자기 지구 궤도로 진입했다. 이 행성의 이름은 테이아(Theia)로 화성과 비슷한 크기의 소행성이었다. 하지만 그 크기는 지구의 절반 정도로 절대 작지 않았다. 초속 15km로 돌진한 테이아는 그대로 지구와 충돌했다. 이는 지구를 거의 완파시킬 정도의 충격이었다. 이 충격으로 지구의 파편이 떨어져 나갔고, 그

2014년에 운석 오디너리 콘드라이트를 발견하는 모습. 이 운석은 무려 37kg이다

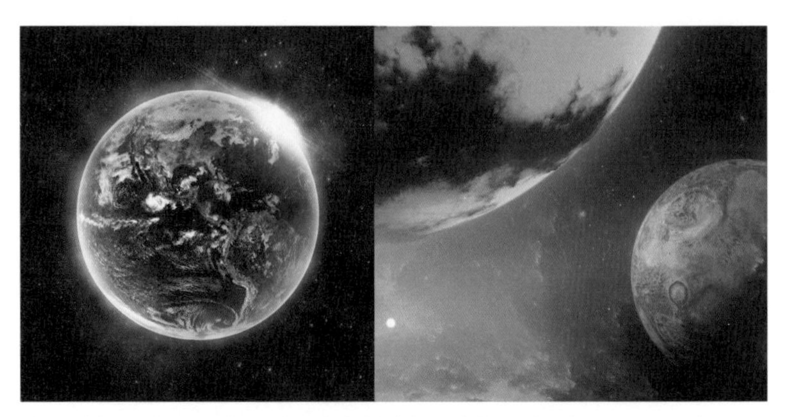

지구 초창기의 불타는 모습(왼쪽 그림), 소행성 테이아가 지구와 충돌하기 전의 모습(오른쪽 그림)

파편들이 한군데로 모여 새로운 천체가 만들어졌다. 이 천체가 바로 지구의 가장 가까운 이웃인 달이다.

달의 탄생은 지구의 역사에도 터닝포인트가 되었다. 지구와 마주 보며 도는 달이 지구에 끼친 영향은 대단했다. 지구와 달의 상호 중력 작용으로 지구의 자전축이 고정되었고, 공전 속도 역시 안정화되었다. 하루가 24시간이 된 것도, 밀물과 썰물의 아름다운 조화도 모두 달에서 비롯되었다. 참 아이러니하게도 거대한 충돌이 지구에 오히려 안정을 가져다주었고, 지구는 생명을 품을 준비를 하게 된 것이다.

테이아 충돌 이후, 지구엔 무수히 많은 소행성들이 쏟아져 내렸다. 그리고 이 소행성들은 지구에 선물을 가져다주었다. 바로 물과 탄화수소였다. 과학자들은 지구의 바다가 소행성에 의해 생겨난 것으로 추측하고 있다. 소행성에 담겨 있던 물이 수천만 년간 지구로 쏟아진 것이다. 또 소행성이 품고 있던 탄화수소 역시 지구 생명의 기본 재료가 되었다. 소행성 파편인 운석을 분석해보면, 살아 있는 세포를 이루는 단백질의 기본 구성요소인 아미노산 같은 유기화합물이 풍부하다는 사실을 알 수 있다.

우주가 빚어낸 거대한 충돌 속에서 지금의 지구가 만들어진 것이다. 파멸과 생존의 아슬아슬한 줄타기 속에서 놀라운 지구 생명이 시작된 것이다. 지구에서 꽃핀 생명의 근원이 외계에서 날아온 돌멩이일 수도 있다는 사실은 무척이나 놀랍다. 지구에 살아가는 수많은 생명의 향연은 이렇게 시작되었다.

소행성은 우주의 역사를 품고 있다. 남극의 청빙 지역은 운석의 보고이다. 세계 각국에서는 이곳에 탐험대를 파견해 탐사하고 있다. 가끔 발견되는 큰 운석 덩어리는 연구원들을 흥분시킨다. 운석 안에는 우주에서 유래하는 다양한 원소와 물 성분이 들어있다.

또한, 소행성은 자원이 되기도 한다. 지구에서는 매우 희귀해 고가로 분류되는 백금족(플래티늄, 팔라듐, 로듐, 이리듐 등) 원소가 풍부한

철과 니켈이 함유된 팔라사이트

철 운석

탄소질 콘트라이트

소행성이 있고, 철과 같은 광물이 풍부한 소행성도 있다. 물이 많은 소행성에선 물을 추출해 수소와 산소로 분류하여 로켓 원료로 사용할 수도 있다.

게다가 소행성이 유인 우주 탐사의 주춧돌이 될 수도 있다. 차세대 유인 우주 탐사 대상인 화성으로 가기 위한 도전이 시작되었다. 화성으로 가기 위한 각종 시험을 근지구 소행성에서 진행할 수도 있다. 이곳에서 우주인은 소행성에서 어떻게 이동할 것인지, 먼지 환경은 어떤지, 정신적, 육체적 건강은 어떻게 유지해야 하는지 등을 미리 경험해볼 수 있다.

영원한 것은 없다

소행성은 결국 인류가 극복해야 할 위협이자, 우주를 더 잘 이해하기 위해 알아야 할 탐구의 대상이다. 우리는 왜 지금 우주를 배워야 할까? 이제 이 질문에 응답할 차례이다.

우주를 알아가는 일은 결국 우리가 어떤 존재인지, 우주 속 우리의 좌표가 어디인지 알아가는 일이다. 우리 태양계는 수천억 개의 별이 모여 있는 우리 은하의 한구석에 자리하고 있다. 우리 은하와 가장 가까운 은하인 안드로메다 은하(Andromeda galaxy)는 지금도 초속 120km 속도로 우리 은하를 향해 다가오고 있다. 이 속도라면, 앞으로 40억 년 뒤 우리 은하와 안드로메다 은하는 서로 충돌하게 된다. 인류는 그때까지 살아남아 멋진 우주쇼를 감상할 수 있을까? 아니면 이미 별들의 무덤 속으로 사라져 소멸할까?

끝없이 펼쳐진 안드로메다 은하

50억 년 뒤면 영원히 타오를 것 같던 태양도 마침내 그 수명을 다하게 된다. 에너지가 바닥난 태양은 점점 부풀어 올라 지구궤도까지 몸집이 커지며 마지막 숨을 내뿜을 것이다. 뜨거운 태양 빛 때문에 지구의 바다는 모두 말라 사막처럼 변해 버리고, 지구상에 존재했던 생명도 모두 사라질 것이다. 결국, 지구 역시 태양에 완전히 삼켜질 것이다. 이것이 인류에게 주어진 숙명일까?

모든 시작엔 끝이 있다. 한때 세상을 지배했던 종도 끝내는 사라지고, 그 자리엔 새로운 종이 나타났다. 지구 역사는 그렇게 반복되어왔다. 그리고 언젠가는 이 지구라는 행성 자체도 사라질 것이다. 하지만 인류는 쉽사리 그렇게 쉽게 답을 포기하지 않을 것이다. 괴테가 말했듯이 인간은 노력하는 한 방황하는 존재이기 때문이다.

알폰소 쿠아론(Alfonso Cuaron) 감독의 〈그래비티(Gravity)〉에서는 우주 속에서 방황하는 인간이 등장한다. 갑작스레 우주 속 홀로 남은 라이언 스톤 박사는 소리조차 사라진 우주 한가운데서 절망한다. 삶을 포기하는 마지막 순간, 무엇이 우리의 삶을 간절하게 할 수 있을까?

〈그래비티〉의 코멘터리 영상에서 라이언 스톤 박사 역을 맡은 배우 산드라 블록(Sandra Bullock)은 영화를 관통하는 주제에 관해 이렇게 이야기한다.

영화 <그래비티>의 한 장면

“더 이상 노력할 이유가 없을 때 무엇 때문에 노력하는지가 이 영화의 주제입니다. 상황이 나아질 거라는 조짐은 없지만, 혹시 한 걸음만 더 시도해볼 가치가 있을까 봐 발을 내딛게 하는 그 믿음이 여러분에게는 무엇인가요?”

우리가 지구에 한 발, 한 발 내디디며 살아가는 순간 우리는 이 지구의 모든 것을 사랑할 수도 있다. 다시금 찾아오는 아침의 햇살이, 아이들의 웃음소리가, 이 땅의 공기가 모두 다 소중하게 여겨질 수 있다. 우리는 이 모든 것들로부터 삶에 대한 갈망이 다시금 스며드는 것을 느낄 수 있다.

지금 당신을 살아 숨 쉬게 하는 것은 무엇인가? 당신을 사랑하는 사람들, 당신의 뺨을 부드럽게 스쳐 가는 반려동물의 인사, 그리웠던 친구의 연락, 그 모든 것이 삶의 이유가 될 수 있다. 그리고 우리는 다시금 이 모든 감정을 함께 이야기할 수도 있을 것이다. 영원을 믿는 어리석음이 우리를 나아가게 했던 것처럼, 지구의 최후 끝에서도 우리는 포기하지 않을 것이다.

미처 다 가늠할 수 없는 우주의 섭리가 인류에게 이렇게 말하고 있다. 이제 지구 너머 더 큰 우주로, 새로운 문명을 향해 나아가야 할 때라고.

2부

화성 인류

KISS THE UNIVERSE

우주를 향한 도약의 첫걸음

어릴 적 우리는 모두 또 다른 세계를 꿈꿨다. 아침에 일어났을 때, 기상천외한 모험이 펼쳐질 것이라고 기대하며 상상했던 적이 당신에게도 있었을 것이다. 시공간의 규칙이 혼란스러운 나라에 당도하거나 벽장 문을 열면 전혀 다른 계절이 펼쳐지는 것과 같이, 우리에겐 하루에도 몇 번씩 새로운 세계를 창조하는 힘이 있었다. 하지만 자랄수록 우리는 내면의 상상력이 점차 고갈되어 감을 느낀다.

하지만 꿈꾸는 능력마저 잃어버린 것은 아니다. 인류는 이제 우주로 향하는 도약을 꿈꾼다. 과연 우주라는 새로운 세계를 꿈꿀 수 있을까? 인류의 도전은 지금도 활발히 진행되고 있지만, 이쯤 되니 한 가지 의문이 생긴다. 우주가 정말 인류의 대안이 될 수 있을까? 이는 아주 근원적인 질문으로 이어진다. 인간은 어째서 우주로 진

영화 <인터스텔라>의 한 장면

출해야 하는 걸까?

크리스토퍼 놀란(Christopher Nolan) 감독의 〈인터스텔라〉는 우주로 나아가는 인간의 모습을 보여준다. 주인공 쿠퍼는 딸의 반대에도 우주로 향한다. 지구는 메말라가고 곧 생명력을 잃는다. 사랑하는 사람들을 지키기 위해선 지구의 미래를 바꿔야만 했다. 쿠퍼는 인류의 희망을 찾기 위해 우주선에 올라탄다.

〈인터스텔라〉는 개봉 당시 블랙홀의 존재와 상대성이론 등으로 화제가 되었다. 이 영화가 보여주는 과학적인 부분 역시 훌륭하지만, 주제의 묵직함도 크나큰 울림을 주었다. '우린 답을 찾을 것이다. 늘 그랬듯이.'라는 〈인터스텔라〉의 카피 문구는 아직 우주에 도달하지 못한 우리의 마음을 울렁이게 한다.

아무리 먼 세계에 도달하더라도 우리는 우리가 인간이라는 근원적인 대전제를 벗어나지 못한다. 그렇기에 우주가 무엇인지 고민하는 과정은 필연적으로 인간이 무엇인지 대답하는 과정과 연결된다. 사랑하는 사람을 구하기 위해 기꺼이 우주에 뛰어드는 인간의 존재는 앞서 말한 질문의 답이 될지 모른다. 내일의 지구는 더 나아질 것이라는 믿음은 결국 인간을 향한, 그리고 우주를 향한 사랑으로 이어진다.

물리학자로 잘 알려진 스티븐 호킹(Stephen William Hawking) 박사 역시 "지구가 아닌 또 다른 행성을 개척하라."라고 말했다. 지구를 아낄 줄 모르는 인간의 욕심은 계속해서 인류의 멸종을 앞당기고 있다. 이제 인류는 스티븐 호킹 박사의 주문에 응답할 준비를 해야 한다. 그렇다면 지구를 떠나 우리가 정착할 수 있는 선택지로는 어떤 행성이 있을까?

이 질문의 답을 알아보기 전에 우리는 중요하게 알아볼 것이 있다. 지구를 떠나서 우주를 개척하기 위해서는 우주로 나아가기 위한 교통수단과 인프라가 필수적이다. 우선 현재 과학기술 단계에서

끝없는 우주 공간

어디까지 진척되고 있는지 그 발자취를 하나하나 따라가 보자. 여러분의 생각보다는 꽤 많이 진전되고 있어서 놀랄 것이다.

국제
우주정거장

국제우주정거장(International Space Station; ISS)은 인류가 만든 가장 놀랍고도 거대한 발명품 중 하나이다. 이 발명품은 지금도 푸른 지구의 곁을 지키며 맴돌고 있다. 지금 이 순간에도 상공 400km에서 지구 저궤도를 시속 약 27,000km라는 빠른 속도로 날아다니고 있다. 지구를 매일 16번 돌고 있다고 하니 당신이 기억하지 못하는 언젠가 당신의 근처를 스쳐 지나갔을 것이다.

만약 운이 좋다면 하늘을 날아다니는 국제우주정거장의 모습을 확인할 수 있다. 국제우주정거장을 보고 싶다면, 동트기 전이나 해질 때 하늘을 올려다보면 된다. 하늘이 맑은 날이라면 매우 빠른 별처럼 지나가는 국제우주정거장을 만날 수 있다. 물론 운이 좋아야 하겠지만 말이다.

국제우주정거장은 지구에서 맨눈으로 관측할 수 있는 물체 중

국제우주정거장의 모습

세 번째로 밝다. 인공위성 중에서도 독보적인 크기를 자랑하기 때문에 망원경으로도 형체를 확인할 수 있다.

비록 우리가 그 존재를 감지하지 못한다고 하더라도 그곳에선 매일 엄청난 일이 벌어진다. 국제우주정거장은 세계 최대의 우주 실험실이기 때문이다.

국제우주정거장은 질량 450t, 길이 108.5m, 폭 72.8m로 월드컵이 열리는 축구 경기장과 맞먹는 크기를 자랑한다. 인류가 지금까지 만든 가장 큰 우주 비행체이자, 가장 비싼 단일 건축물이기도 하다. 건설에 사용된 자금은 우리 돈으로 약 174조 원이다. 1998년 처음 발사 때만 해도 비좁은 방 3개에 불과했던 국제우주정거장은 현재는 12개의 방에 전망대까지 갖추었다.

무엇보다 국제우주정거장의 건설은 우주개발이라는 인류 공동의 목표를 이루고자 전 세계 국가들이 함께 힘을 합친 최초의 사례라는 점을 주목할 필요가 있다. 1950년 서로를 이기기 위해 무한 경쟁을 하던 미국과 구소련 역시 냉전이 끝난 뒤 우주개발이라는 과제를 앞두고 손을 잡았다. 인류의 우주 진출에 관한 염원이 각 나라의 뜻을 한군데로 모은 것이다.

현재 미국, 영국, 프랑스, 러시아, 일본을 비롯한 16개국이 국제우주정거장 운영에 참여하고 있다. 건설 당시 각국의 왕복선이 수십 차례에 걸쳐 지구와 우주를 왕복하며 정거장을 만들었다. 각국이 모듈을 조립해 운반하며, 우주 궤도를 왕복했다.

물론, 다양한 나라가 국제적으로 협력하는 개발사업이라 쉽지는 않았다. 건설 당시에도 조립을 위해 우주인과 화물을 싣고 왕복하는 과정에서 우주왕복선의 발이 묶여 조립이 중단되는 등 여러 계획에 차질이 있었다. 하지만 지금은 무사히 완공되어 총알보다도 빠른 속도로 지구를 돌고 있다. 인류 역사에서 가장 놀라운 성과 중 하나라 할 수 있다.

뉴 스페이스 시대의 위대한 서막

국제우주정거장에서 바라본 지구는 참으로 경이롭다. 지구 밖에서 지구를 바라보는 이 특별한 경험은, 지금까지 일부 우주 비행사들만이 누릴 수 있는 특권이었다. 인류 역사를 통틀어도 우주에서 지구의 풍경을 바라본 사람은 500명 남짓에 불과했다. 하지만 앞으로는 많이 달라질 것이다. 지금까지 우주를 다녀온 사람보다 훨씬 더 많은 사람이 우주로 가는 티켓을 들고 줄 서 있는 풍경을 볼 수 있을 것이다. 우주행 티켓이라니 생각만으로도 정말 부러운 얘기가 아닐 수 없다.

인류 역사는 그동안 지구라는 한정된 공간에서 흘러왔다. 하지만 지금 우리에게 필요한 것은 '지구보다 더 큰 상상력'이다. 인류의 꿈이 우주를 향해 전폭적으로 나아가고 있기 때문이다. 우주는 여

국제우주정거장에서 바라본 지구

전히 우리에게 미지의 영역이지만, 동시에 기회의 영역이기도 하다. 당신은 무한한 상상력의 배경이 될 우주를 그려볼 수 있는가? 우주는 우리의 인식 체계 자체를 흔드는 새로운 일상이 될지도 모른다. 믿기지 않는 우주 관광의 꿈이 마침내 현실로 다가오고 있다. 이제 막 우주여행 탐사선의 계단에 올라설 준비를 하는 코스모스 사피엔스(Cosmos Sapiens)의 세계에 여러분을 초대한다.

가까운 과거, 인류는 우주로 가기 위해 고군분투했다. 하지만 그 배경에는 국가 경쟁이 있었다. 냉전 시기에 각국은 다른 나라보다도 먼저 우주에 도착하겠다는 목표로 치열하게 연구를 시작했다. 국가 차원의 우주 프로젝트는 1960년대부터 1970년대 초까지 전성기를 맞이했다. 미국과 구소련의 경쟁 속에 유리 가가린(Yurii Alekseevich Gagarin)이 첫 우주 비행에 성공했고, 1969년 7월 20일 아폴로 11호(Apollo 11)는 인류 역사상 최초로 달에 착륙했다.

우주 프로젝트는 나사 등에서 진행하는 국가 차원의 과제였다. 기술적 위험 부담이 크고, 공공재적인 성격을 지닌 동시에 막대한 투자가 요구되는 반면, 생산 수량은 매우 적기 때문이다. 상업적인 수익 역시 기대하기 어려워 우주개발은 전형적인 국가사업으로서만 지금껏 존재했다.

이후 우주 관련 국가사업은 난항을 겪는다. 과열된 국가 간의 경쟁이 한층 풀이 꺾이자 국가 기관이 예산을 감시하기 시작했고, 경직된 조직의 통제를 받으며 모험적이며 혁신적인 시도 역시 점차 줄이기 시작했다. 우주에 관한 인류의 꿈도 점차 시들해지는 듯했다.

하지만 그사이 지구 대표 억만장자들이 우주 시장을 공략하기 시작했다. 특히, 세계적으로 유명한 억만장자 3인방이 가장 먼저 나서 그 꿈에 불을 붙였다. 막대한 자금이 소요되는 우주개발에 민간 기업들이 앞장서서 나선 것이다.

일론 머스크(Elon Mask), 제프 베이조스(Jeff Bezos), 리처드 브랜슨(Richard Branson)이 그 주인공이다. 이들은 우주개발과 탐사에 엄청난 돈을 쏟아부으며 우주를 영위하기 위한 그 경쟁의 서막을 열었다.

실리콘밸리 특유의 파괴적 혁신 DNA로 무장한 이들은 수십 년에 걸친 기술적 성과를 바탕으로 우주로 가는 새로운 길을 개척하고 있다.

이들 외에도 우주를 꿈꾸는 수많은 사람이 우주로 가는 길목에서 노력을 기울이고 있다. 이들의 바람대로 평범한 사람이 우주를 향유하는 일상이 언젠가 올 것이라는 기대가 높아지고 있다.

이들은 대체 우주에서 어떤 가능성을 발견할 걸까? 지금까지는 국가가 직접 주도하던 올드 스페이스(old space) 시대였다면, 이제는 민간기업이 직접 우주개발을 주도하는 뉴 스페이스(new space) 시대가 열리며 우주개발의 판도가 바뀌었다. 뉴 스페이스 시대는 앞으로 어떤 방향으로 나아갈까? 과연 누가 먼저 우주의 꿈에 도달할 것일까? 여러분은 그 변화의 중심에서 미래를 조망할 수 있을 것이다.

스페이스X와 일론 머스크

미국 텍사스주 남쪽 끝에 있는 보카치카(Boca Chica)는 야생동물 보호 구역으로 지정될 만큼 평화로운 마을이다. 멕시코 국경과 맞닿아 있는 이곳에선 드넓은 해변이 보이고, 매해 철새가 오가는 등 아름다운 자연경관을 자랑한다. 보카치카 해변 근처를 걸어가면, 바닷가를 따라 나지막이 늘어선 집들을 볼 수 있다.

바다 위에는 서퍼들이 유유사적 헤엄을 치고, 가족처럼 보이는 사람들은 모래사장을 따라 걷고 있다. 반짝이는 해변의 물결을 보고 있으면 이곳은 그저 한적한 휴양지로 여겨질 것이다. 바람에 흔들리는 야자수 사이로 햇빛이 찬란하게 들어온다. 세상의 모든 것한테서 멀리 떨어진 공간처럼 느껴지는 이 작은 마을은 어느새 우주로 가는 통로로 변화하고 있다. 이 고즈넉한 마을에 도대체 무슨 일이 생긴 걸까?

스페이스X 스타십 우주선 프로토타입

보카치카 마을 곳곳에서 스페이스X의 존재감을 느낄 수 있다

시선을 돌리자, 멀리 '스타베이스(Starbase)'의 간판이 눈에 띈다. 조용했던 마을은 흔적도 없이 사라지고 어느샌가 사람들이 북적이면서 목소리가 들린다. 일론 머스크는 이 마을 전체를 우주 신도시로 만들겠다며 이곳의 이름을 '스타베이스'라고 지었다.

마을 안쪽으로 들어서자, 하늘을 향해 우뚝 솟은 로켓이 반긴다. 한쪽에는 여전히 공사가 진행되는 중인지 중장비와 차량 인부들의 작업 소리로 시끄럽다. 마을 여기저기에서 보이는 발사체는 이제는 이 마을의 상징이 되어버렸다. 주민들은 눈만 뜨면 마을 어디에서라도 로켓 발사체를 마주해야 한다. 우주 탐사의 새로운 성지로 떠오른 보카치카엔 그 현장을 보기 위해 사람들의 발길이 끊이질 않는다. 이 호젓한 해변 마을은 이제 우주를 향한 꿈이 영그는 장소가 되었다.

이 모든 변화의 중심에는 세계 최고 부자인 데다가 전기차 테슬라의 CEO인 일론 머스크가 있다. 그는 2002년에 페이팔을 매각해서 얻은 15억 달러의 자금을 바탕으로 스페이스X를 출범시켰다. 괴짜라고도 불리는 그는 항공우주 기업을 이끄는 수장이 되어 단기간에 우주산업의 주인공이 되었다. 사실 미디어에 관심이 없는 사람이라도 일론 머스크의 이름은 들어봤을 것이다. 언론과 접점이 많은 데다가 쇼맨십 강한 성격 덕분에 일론 머스크가 운영하는 스페이스X는 일찍이 큰 명성을 얻게 되었다.

스페이스X 홈페이지 화면(왼쪽 그림, © SpaceX), 일론 머스크(오른쪽 그림)

현재 스페이스X는 민간 우주 시장 개척은 물론 달·화성 유인 우주 탐사선 발사, 전 세계 대상 위성 인터넷망 구축 프로젝트인 '스타링크(Starlink)' 등 상용 우주선 발사에 초점을 맞추고 있다. 일론 머스크는 스타링크 프로젝트를 통해 인터넷 사각지대를 없애고 지구 전역에서 초고속 인터넷을 누릴 수 있게 서비스를 제공하려고 한다. 이를 위해 스타링크 위성 제작에 박차를 가하고 있다. 그의 우주를 향한 꿈은 일상을 초월해 현실로 다가오고 있다. 그 꿈의 중심에 있는 것 중 하나는 달은 물론 화성까지 갈 수 있는 우주선, 바로 스타십(Starship)이다.

스페이스X와 스타십

스타십은 스페이스X가 꾸준히 개발 중인 재활용이 가능한 우주선이다. 보카치카의 발사장에선 지속해서 스타십의 이착륙 시험비행이 이뤄지고 있다. 그동안 스페이스X가 진행했던 고고도 비행은 번번이 난항에 부딪혔다. 착륙 시도 중 속도를 줄이지 못하여 폭발에 이르렀거나, 착륙에 성공한 뒤 얼마 지나지 않아 지상에서 폭발한 적도 있었다. 이러한 실패의 경험을 딛고, 스페이스X는 스타십 시제품을 이착륙하는 데 성공했다.

스페이스X는 보카치카를 기점으로 하여 이미 세계 최초의 상용 우주선 발사, 세계 최초의 궤도 발사체 수직 이착륙, 세계 최초의 궤도 발사체 재활용, 세계 최초로 민간 우주 비행사의 국제우주정거장 도킹 등 혁신적인 업적을 달성했다. 과연 21세기 인류의 우주 개발을 주도하고 있다고 해도 과언이 아니다.

슈퍼 헤비 부스터 4 위에 스타십 우주선을 올리는 모습(© SpaceX)

위의 사진 속의 엄청난 크기의 스타십 완성본은 윗부분인 스타십과 아랫부분인 슈퍼 헤비 부스터(super heavy booster)로 이뤄진다. 아랫부분을 담당하는 슈퍼 헤비 부스터는 스타십을 궤도로 올려주는 역할을 한다. 슈퍼 헤비 부스터가 발사대에 장착되고 스타십이 부스터 위에 올라가 두 개가 연결되면 완전체가 된다.

2021년 8월 초 길이 50m의 초대형 우주선과 70m의 추진체가 결합하여 총 120m의 완전체 우주선이 탄생하는 역사적인 순간을 목격하기 위해서 일론 머스크의 팬들은 일찍부터 발사장 앞으로 모였다. 이러한 이벤트가 있는 날엔 보카치카는 한층 더 시끄러워질 수밖에 없다. 이들은 스페이스X의 일거수일투족을 보기 위해 24시간

매일 보카치카의 스페이스X 우주선 발사 기지를 관찰하는 주민

내내 발사장 앞에서 대기하기도 한다. 발사체 앞 일론 머스크의 벽화 앞에는 사람들이 멈춰 서서 사진을 찍거나 바라보고 있다. 이곳을 찾은 사람들은 모두 스페이스X의 열렬한 지지자들이다.

옆 사람의 말소리가 안 들릴 정도로 사람들이 붐비는 데는 이유가 있다. 이들이 보카치카를 찾아와 열광하는 이유는 무한한 가능성을 가지고 도전하는 인류의 모습을 직접 확인하기 위함이다. 스타십 발사체를 향해 카메라를 높이 치켜든 사람들은 실시간으로 현장을 중계하고 있다. 심지어 차 위에 올라간 사람도 쉽게 찾아볼 수 있다.

스페이스X에서는 미래의 현장을 보기 위해서 찾아온 어린 학생들의 모습도 볼 수 있었다. 15세의 한 소녀는 스페이스X에 관심이 있어 가족 휴가로 여기에 왔다고 한다. 실시간 방송으로 현장을

우주선 발사를 보기 위해 스페이스X로 찾아온 유튜버

중계하고 있던 유튜버 제시카 커시는 현장을 찾은 소녀를 발견하고 흥분에 차 외쳤다.

"이 아이의 미래가 그려지시나요? 어린 친구들 자신이 관심을 두는 것이 무엇인지 아는 것은 정말 중요하거든요. 그걸 밀고 나가며 주변에서 하는 이야기는 잠시 접어둬야 합니다. 사회가 하지 말라고, 멋지지 않다고, 좋지 않다고 말하는 것들 말이죠. 그런 것은 중요하지 않습니다. 자신이 원하는 것을 그저 따라가면 됩니다."

만약 여러분이 어린 시절, 우주를 향해 출발하는 로켓을 눈앞에서 볼 수 있었다면 당신 역시 지금과는 다른 새로운 꿈을 좇을 수도 있다. 로켓이 발사되는 경이로운 풍경에 압도당한 나머지 우주개발에 이바지하고자 새로운 계획을 세웠을지 모르니까 말이다.

스페이스X에 찾아온 사람 중에는 이전 발사 실험 때도 그 현장을 보기 위해 찾아온 사람들이 꽤 있었다. 그들은 지난날의 실패를 기억하며 말했다. "지난번 방문 때는 착륙에는 성공했지만, 메탄가스가 누출되어 결국 본체가 폭발했습니다. 지역 뉴스에서 인터뷰하는 도중 바로 제 뒤에서 폭발했죠."

이들에게 성공과 실패는 크게 중요한 지표는 아닐 것이다. 이들은 만약 스타십이 착지에 성공했어도 무척 놀라웠겠지만, 성공하지 못한 채 폭발하더라도 실망하지 않는다고 이야기한다. 그 현장을 직접 지켜본다는 사실만으로도 자신에게 큰 기회가 될 것으로 생각하기 때문이다. "지난번 방문 때와 이곳이 얼마나 달라졌는지 어떻게 설명해야 할지 모르겠습니다. 직접 보셔야 합니다."

사실 그동안 스타십 개발 과정에서 수많은 실패가 반복되었다. 하지만 혁신은 낭떠러지를 걸어갈 때 일어난다고 하지 않는가? 낭떠러지를 피해 안전한 곳으로만 간다면 혁신은 존재하지 않을 것이다.

이들은 역사적 순간을 함께하는 것만으로도 충분히 값진 경험이라 생각한다. 언젠가 이곳이 우주로 가는 지름길이자, 새로운 우주 메카가 될 것이라고 기대하기 때문이다.

블루 오리진과
제프 베이조스

이번에는 텍사스주 서쪽 반대편으로 가보자. 황량한 들판에는 많은 사람이 줄지어 무엇인가를 기다리고 있다. 주변으로는 차량 역시 길게 늘어 서 있다. 모두 흥분에 가득한 표정이다. 로켓이 그려진 티셔츠를 보여주며 소리를 지르는 이도 있다. 이들은 블루 오리진(Blue Origin)의 유인 우주선 뉴 셰퍼드(New Shepard) 호가 발사되는 모습을 보기 위해 모인 사람들이다.

사람들은 저마다 기대감에 가득 차 있다. "저는 지금 무척 흥분되고, 또 굉장히 기대되기도 해요. 제가 이만큼이나 가까이서 로켓 발사 현장을 본 적이 없었으니까요." "오늘 여기 나오게 돼서 무척 설렙니다. 역사가 만들어지는 것을 직접 볼 수 있게 되다니요. 저는 제프 베이조스의 열렬한 팬입니다."

이곳에서도 차량 위에 망원경을 들고 현장을 가까이서 보려는 사람들이 보인다. 사람들은 뉴 셰퍼드 호가 발사되는 모습을 찍기 위해 카메라를 들어 올렸다.

아마존 의장 제프 베이조스 역시 블루 오리진이라는 우주 기업을 가지고 있다. 지구상의 문제로는 딱히 부딪힐 일이 없는 두 사람이지만, 우주 문제에서는 누구보다 서로 치열한 경쟁자이다. 두 사람 모두 인공지능(AI; Artificial Intelligence) 개발에 적극적이며, 우주개발을 위해 천문학적인 투자를 하고 있다.

인류의 숙원이었던 우주, 세계에서 손꼽히는 부호이자 괴짜 천재인 이 둘에 의해 숙원이 현실이 되어가고 있다. 모두가 아니라고 말할 때 우주를 향해 묵묵히 정진했던 두 괴짜 천재의 무모한 용기로 인해 인류도 우주의 꿈에 동참할 수 있게 되었다.

제프 베이조스 역시 민간 우주 사업에 도전했다. 작은 온라인 서점으로 시작한 그는 원대한 꿈을 가지고 20년간 아마존 수익금의 일부를 비밀 프로젝트에 투자했다. 그것이 바로 '블루 오리진' 프로젝트이다. 일론 머스크보다 2년 앞서 블루 오리진을 설립한 제프 베이조스는 일론 머스크와 우주에서 한판 대결을 보려는 듯 매년 10억 달러를 아낌없이 투자하고 있다.

블루 오리진은 준궤도 우주 관광을 제공하기 위해 만들어진 민간 우주 기업이다. 일론 머스크에게 화성이 있다면 제프 베이조스

블루 오리진의 달 착륙선 '블루문'

에게는 달이 있다. 블루 오리진은 나사와 함께 '21세기 인류 달 착륙 미션'을 수행하려고 한다. 화성 이주보다는 지구를 위한 우주개발에 조금 더 무게 중심을 두고 있다.

제프 베이조스가 우주산업에 뛰어든 이유는 무엇일까? 그 역시 어릴 적부터 우주에 관한 꿈을 키워왔다. 제프 베이조스는 한 연설에서 이렇게 말했다. "저는 사실 우주 광입니다. 제가 어릴 적 바로 이 나라에서 거대한 새턴 5 로켓(Saturn 5 Rocket)으로 우주선이 발사되는 것을 보고 감명받았죠."

그 역시 지구를 넘어 태양계로 확장된 인류의 미래를 그리고 있었다. 하지만 인류 생존을 위한 보험의 의미보다는 태양계의 모든 자원에 접근하여 훨씬 부유하고 거대한 지구의 인류 문명을 뒷받침

블루 오리진의 뉴 셰퍼드 로켓(© Blue Origin)

하려는 목적이 크다고 밝혔다.

그리고 2021년 7월 20일, 제프 베이조스는 또 하나의 기록을 세웠나. 제프 베이조스는 인류 역사상 첫 민간 상업 우주여행이라는 쾌거를 이루었다. 이날의 비행이 화제가 되었던 건 제프 베이조스가 직접 몸을 싣고 우주여행에 나섰기 때문이다. 민간 우주여행을 위한 재사용 로켓인 뉴 셰퍼드는 제프 베이조스를 포함한 4명의 크루를 싣고, 우주의 경계라 불리는 100km 상공 카르만 라인(Karman line) 너머까지 다녀오는 우주여행을 무사히 마쳤다. 뉴 셰퍼드가 발사되자 사람들은 비명과 환호를 지르며 그 장면을 지켜보았다. 사

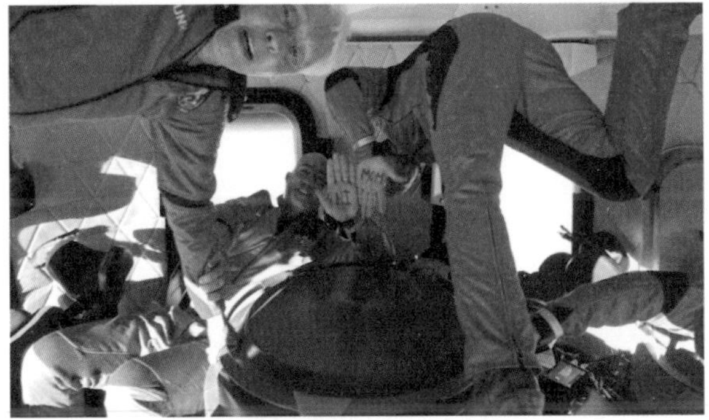

제프 베이조스의 우주여행

람들은 뉴 셰퍼드가 발사되고 난 후 저마다 우주에 관한 기대감을 표출했다.

"발사되는 로켓을 보고 싶었지만, 막상 보니 주로 연기가 보이네요. 하지만 로켓이 발사되는 소리를 들으니 여전히 기분이 참 좋습니다." "이곳에 오길 정말 잘했다는 생각이 듭니다. 무척 재미있었습니다." "다음에 베이조스 씨가 우주에 간다면 저도 우주에 가고 싶습니다. 베이조스 씨는 돈이 있지만, 저는 시간이 있습니다." "저는 평생을 지구에서 살아왔는데, 우주에서는 다른 면모를 볼 수 있을 것 같습니다. 우주에서는 신체도 변화할 것 같습니다. 저는 우주에서 그런 경험을 해보고 싶습니다."

스페이스X 크루 드래건

"3, 2, 1 Ignition!"

발사와 함께 엄청난 폭발음이 울려 퍼졌다. 2020년 5월 30일, 스페이스X는 유인 캡슐 크루 드래건(Crew Dragon)을 쏘아 올려 두 명의 우주 비행사를 지구 밖으로 보냈다. 목표 지점은 지구 주위를 돌고 있는 국제우주정거장이다. 국제우주정거장 궤도를 따라 빠르게 쫓아온 크루 드래건은 속도를 줄여 천천히 국제우주정거장에 접근했다. 곧 크루 드래건의 캡슐 뚜껑이 열리고 아주 천천히 국제우주정거장에 도킹을 시도한다.

지구를 떠난 지 약 19시간 만에 크루 드래건은 국제우주정거장 도킹에 성공했고, 이로 인해 스페이스X는 세계 최초로 민간 유인 우주선을 발사한 업체라는 타이틀을 얻었다.

크루 드래건이 국제우주정거장에 안착하는 모습의 상상도

이 장면엔 어떤 의미가 있을까? 정부가 주도하던 우주 경쟁의 바통을 민간이 이어받은 획기적인 사건이라 기록할 만하다. 인간에게는 비록 작은 걸음이지만, 상업적 우주산업에서는 큰 도약을 한 셈이다. 나아가 민간인도 우주여행을 할 수 있는 시대가 열린 것이다.

일론 머스크는 크루 드래건의 콘퍼런스에서 이렇게 말했다. "저는 우주의 미래를 정말 믿고 있고, 우리가 문명을 발전시키고 별들 사이에 있는 것이 정말 중요하다고 생각합니다. 그리고 그것이 사람들이 미래를 생각할 때 흥분하게 만드는 것 중 하나라고 생각합니다."

최초의 민간 우주원정대가 될 이탄 스티브, 사령관 마이클 로페즈-알레그리아, 마크 패시, 래리 코너 (왼쪽부터)(© Axiom Space)

액시엄 스페이스(Axiom Space)도 이르면 2022년 1월 국제우주정거장에 민간인으로 구성된 여행팀을 보내기로 했다고 발표했다. 이들은 스페이스X의 유인 우주선 크루 드래건을 타고 간다. 이는 2019년 나사가 우주정거장을 한 해에 두 번씩 민간인한테 개방한다는 방침을 밝힌 이후의 첫 프로그램이다.

액시엄 스페이스는 이번 여행이 자사의 첫 민간인 우주여행 프로그램이라는 뜻에서 '액스-원(Ax-1)'이란 이름을 붙였다. 첫 민간 우주 관광팀은 4명의 멤버로 구성되어 있으며, 이 중 3명은 순수 민간 관광객이다. 오하이오주 부동산 투자회사 고위 임원 래리 코너(Larry Connor), 캐나다 투자회사 최고경영자 마크 패시(Mark Pathy), 이스라엘 공군 전투기 조종사 출신 사업가 이탄 스티브(Eytan Stibbe) 이렇게 셋이다. 코너와 스티브는 올해 나이가 각각 71, 63세로 역대로 둘째와 셋째로 나이가 많은 우주인이 된다. 사령관을 맡을 마이클 로페즈-알레그리아(Michael Lopez-Alegria) 액시엄 스페이스 부사장은 나사 우주 비행사 출신이다.

이들은 기초 훈련을 시작해 10월부터는 휴스턴 우주센터에서 본격적인 비행 훈련에 들어간다. 이들의 우주정거장 관광 일정은 왕복 2일을 포함해 총 10일이다. 방문 기간 중 나사 등의 의뢰를 받아 일부 과학 실험도 진행한다.

민간인의 우주정거장 관광은 스페이스 어드벤처스(Space Adventures)가 2001년부터 2009년까지 진행한 바 있다. 이 기간에 7명이 7~12일씩 8차례(한 사람은 2번) 우주정거장을 다녀왔다. 스페이스 어드벤처스가 추진한 민간인 우주여행은 모두 러시아의 소유스(Soyuz) 우주선을 이용해 진행했다. 그러나 2011년 미국이 우주왕복선 운행 중단을 결정한 이후 민간인 우주 관광도 중단됐다. 미국이 소유스 우주선을 사용하면서 민간인들에겐 이용할 기회가 주어지지 않았다.

민간인 우주정거장 관광이 재개될 수 있었던 것은 미국이 9년 만에 자국의 유인 우주선(스페이스X의 크루 드래건)을 이용할 수 있게

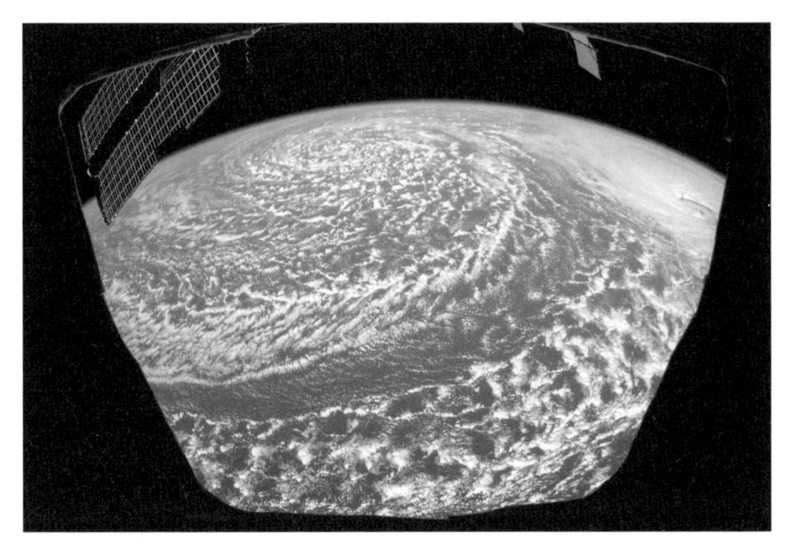

국제우주정거장의 전망창 큐폴라(cupola)에서 바라본 지구의 모습

돼 우주정거장에 갈 기회가 늘어났기 때문이다. 만성적인 예산 부족을 호소하는 나사가 관광 수입을 통해 해마다 40억 달러가 들어가는 우주정거장 운영비용 부담을 덜어보려는 의도도 있다. 나사라는 큰 고객을 잃게 된 러시아도 수익을 만회하기 위해 민간인 고객 확보에 서둘러 나섰다.

일반인의 우주 비행은 나사가 1980년대 초반 우주왕복선 프로그램을 시작할 때부터 생각해 온 것이다. 나사는 실제로 상원의원, 교사 등 몇몇 민간인을 선발해 우주왕복선에 탑승시키기도 했다. 하지만 1986년 챌린저(Challenger)호 폭발 참사 이후 민간인 참여 프로그램은 중단됐다.

이번에 액시엄 스페이스의 우주여행에 나서는 3인은 워싱턴 포스트(The Washington Post) 인터뷰에서 우주 비행의 위험을 잘 알고 있으며, 이번 비행을 진지하게 받아들이고 있다고 말했다. 이들의 사령관 역할을 할 마이클 로페즈-알레그리아는 "이를 이겨내도록 하는 게 나의 임무"라고 말했다.

그러나 코로나19 대유행과 경제 위기 상황에서 천문학적인 금액의 우주여행을 떠나는 것에 대한 시선이 곱지만은 않다. 워싱턴 포스트는 이들도 지구 문제가 산적한 상황에서 자신들의 우주여행이 다른 사람에겐 '가진 자들의 방종'으로 비칠 수 있다는 걸 알고 있다고 전했다.

이런 점에 대해 이들은 이번 여행을 다른 형태의 자선이라고 설명했다. 코너는 인터뷰에서 이렇게 밝혔다. "미국뿐 아니라 전 세계적으로 많은 문제가 있다. 그리고 그것은 절대적으로 우선순위가 돼야 한다. 하지만 미래를 잊을 수는 없다. 장기적인 비전을 갖는 걸 잊어선 안 된다. 이번 비행과 연구가 그런 여정으로 가는 하나의 작은 발걸음이 되기를 바란다."

이번 우주여행에서 코너와 패시는 각각 병원 쪽과 건강 관련 연구를, 스티브는 이스라엘 우주국과 과학 연구를 협력해 진행할 예정이다.

액시엄 스페이스의 민간 우주정거장 상상도. 아래쪽에 관광용 투명 모듈이 보인다(© Axiom Space)

액시엄 스페이스의 우주여행이 예정대로 진행되면 우주정거장은 13년 만에 민간인을 맞는다. 액시엄 스페이스는 또 2024년 초까지 우주정거장에 자체 모듈을 장착할 계획이다. 이어 향후 우주정거장이 소멸하면, 이를 분리해 독립적인 민간 우주정거장을 건설한다는 구상을 하고 있다.

가장 유력한 선택지, 화성

지금부터는 앞에서 던진 '지구 외의 가장 유력한 정착지는 어디인가?'란 질문에 답할 차례가 왔다. 많은 과학자가 지구 밖에서 인류의 가장 유력한 거주지 후보로 화성(Mars)을 꼽는다. 우리 밤하늘 어디서나 볼 수 있는 붉은 빛을 띠는 화성은 지구를 제외하고 우리가 가장 자세히 아는 행성이기도 하다. 이유는 지난 50년 동안 화성에 수많은 위성을 보내 관찰했기 때문이다. 너무 뜨겁지도, 너무 춥지도 않은 태양계의 골디락스 존(Goldilocks zone)에 위치하는 화성은 태양계 내 행성 중 여러 측면에서 가장 지구와 비슷한 조건을 갖춘 곳이다.

화성은 지구로부터 5,500만km에서 3억 7,800만km 떨어져 있다. 크기는 지구의 절반 정도이며, 대기가 존재하기 때문에 바람이 불

화성

화성 탐사 로봇 큐리오시티가 화성을 탐사하는 상상도

며, 계절의 변화도 있다. 최근엔 화성에서 소금물이 흘렀던 흔적을 발견했다.

화성을 가까이 들여다본다면, 누구나 그 장대한 풍광에 압도될 수밖에 없다. 수십만 개의 분화구가 흩어져 있는 광대한 평원과 깊은 협곡, 그리고 기이한 암반층까지…. 지구에서는 찾아볼 수 없는 신기한 풍경을 볼 수 있다.

그렇다면 본격적으로 화성으로 여행을 떠나보자. 화성의 적도 부근에는 태양계 최대 협곡인 마리너 계곡(Mariner Valley)이 있다. 기다란 상처가 난 것처럼 절개된 이 협곡은 미국 애리조나주에 있는 대협곡 그랜드 캐니언(Grand Canyon)을 연상케 한다. 하지만 그 풍경은 사뭇 다를 수 있다. 마리너 계곡은 그랜드 캐니언보다 4배 더 깊고, 10배 더 길다. 달리 표현하자면 이 계곡의 길이는 뉴욕시에서 로스앤젤레스까지 뻗어 있는 정도이다. 나사의 화성 탐사선 마리너 9호가 발견하여 그 이름을 따서 마리너 계곡이 되었다.

누군가 절개해놓은 듯 깊이 파인 모습은 너무나 거대해 감히 상상하기도 버겁다. 한 번쯤 방문해보고 싶을 만큼 놀라운 명소가 아닌가 싶다. 이뿐만이 아니다. 화성의 최고봉 올림포스산(Olympus Mt.)의 고도는 무려 25,000m로 에베레스트보다 대략 세 배 높다. 화성으로 여행을 떠난다면 방문해야 할 자연 명소는 수없이 많다.

바이킹 궤도선이 촬영한 마리너 계곡의 사진

여행을 떠나기 전, 옷차림도 점검해보자. 화성에서 살려면 어떤 계절에 맞춰 옷을 준비해야 할까? 우리나라는 사계절로 나뉘어 있어 계절을 뚜렷이 느낄 수 있다. 봄, 여름, 가을, 겨울에 맞춰 다양한 옷을 준비해야만 한다. 계절의 변화가 나타나는 이유는 지구의 자전축이 23.5도로 기울어져 있어 태양의 주위를 공전하기 때문이다. 만약 지구의 자전축이 기울지 않았더라면 사계절 고유의 아름다움을 느끼기 어려웠을 것이다.

지구의 사계절과는 다르겠지만, 화성 역시 계절의 변화를 보인다. 화성의 자전축 역시 지구와 비슷한 25도 각도를 유지하고 있다. 또한, 자전주기 역시 비슷하다. 화성의 자전주기는 24시간 37분 22초이다. 지구의 자전주기와 비슷해 화성 역시 지구처럼 대략 12시간 정도의 낮과 밤이 번갈아 나타난다.

하지만 화성과 지구의 계절에서는 큰 차이점을 보인다. 화성의 1년은 687일로, 지구에서 거의 2년을 보내는 시간과 같다. 계절 역시 당연히 지구보다 훨씬 길다. 화성에서 봄은 7개월, 여름은 6개월, 가을은 5.3개월, 겨울은 4개월 정도이다.

게다가 지구와 비슷한 온도를 상상해서 옷을 입으면 큰일 날 수 있다. 화성의 평균온도는 영하 60℃이다. 밤이 되면 기온은 더 떨어져 영하 70℃까지 내려간다. 남극보다도 추운 환경이라 제대로 준비하지 않으면 온몸이 꽁꽁 얼어버릴 수 있다. 화성의 공기가 이토록 차가운 이유는 태양과의 거리가 지구보다 1.5배 멀고, 지구와 달리 대기가 빈약해 열에너지를 붙잡기 힘들기 때문이다. 여전히 지구와 달리 인간이 살기에 척박한 환경임은 분명하다.

하지만 이보다도 더 큰 문제점이 있다. 화성의 특징적인 기후 중 하나인 먼지 폭풍이다. 이 먼지 폭풍은 지표면이 태양에 달궈지면서 상층부 공기와 온도 차이가 생겨 발생하는 현상이다. 이 먼지 폭풍은 한 번으로 끝나면 좋겠지만, 몇 달에 걸쳐 계속되기도 하고 행성 전체를 뒤덮어버리기도 한다. 쉴새 없이 불어오는 먼지 폭풍에 눈을 뜨는 것도, 숨을 내쉬는 것도 어려울 수 있다. 한 차례 먼지 폭풍이 스쳐 지나가면 서서히 화성의 암석 표면을 볼 수 있다.

화성의 먼지 폭풍 상상도

여전히 화성은 인간이 그리 만만히 볼 곳이 아니다. 화성의 대기는 약 96%가 이산화탄소이다. 그 말은 산소가 거의 없어 인간이 호흡하는 것이 불가능하다는 뜻이다. 대기층 역시 매우 얇아 태양풍과 우주 방사선이 그대로 쏟아진다. 우주 방사선은 세포나 DNA를 바로 공격해 인간이 그대로 쐬었을 때 암과 같은 치명적인 질병이 발생할 수 있다. 한 마디로 인간에게는 무시무시한 장소이다. 그래서 화성 표면에 있을 때 우리는 늘 우주복을 입고 있어야 한다. 우리 몸이 부풀거나, 피부가 늘어나거나, 피가 끓어오르는 등의 문제가 생길 수 있으므로 몸을 보호해야 한다.

원시 화성의 흔적을 찾아서

믿기 어렵겠지만, 지금은 메말라버린 적색 행성 화성도 한때는 푸르른 곳이었다. 화성은 40억 년 전까지만 해도 지구와 마찬가지로 물이 풍부했으며, 호수와 강, 바다가 존재했다. 당시 물의 양은 대략 100~1,500m 깊이로 대서양 바닷물의 절반에 해당하는 양이었다. 그러나 지금 화성 표면에서는 물을 찾아볼 수 없다. 화성 지표면 아래에 얼음 형태로 추측되는 관측 자료만이 있을 뿐이다. 그렇다면 그 많던 화성의 물은 다 어디로 간 것일까?

지금의 바싹 마른 화성을 생각한다면, 물의 흔적을 화성에서 발견할 수 있다는 것은 무척 놀라운 일이다. 유럽우주국에 따르면 화성 북부의 계곡 '에쿠스 카스마(Echus Chasma)'는 오래전 엄청난 양의 물의 흘렀던 곳이다. 깊게 팬 이곳은 너비 약 10km, 길이 약 100km

화성 북반구에 위치한 '에쿠스 카스마'는 물의 흔적을 보여주는 폭포이다(© ESA)

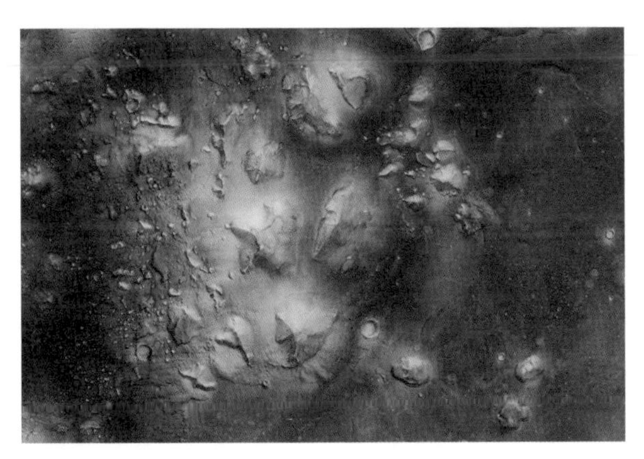

화성 시도니아 지역의 특이한 돌(© ESA/DLR/FU Berlin)

지구와 닮아 있었던 원시 화성 상상도

에 이르는 태양계 역사상 가장 큰 폭포가 있었던 것으로 추정된다.

37억 년 전 화성의 지표면 아래에선 활발한 화산 활동이 있었고, 큰 강과 바다가 존재했다. 지금은 떠올리기 어렵겠지만, 37억 년 전의 화성은 지구처럼 물의 행성이었다. 거대한 폭포 아래로 물줄기가 떨어지며, 물방울이 여기저기로 튀어 오르는 화성을 상상하기 쉽지 않을 것이다. 이곳에는 둥근 윤곽을 가진 자갈돌 역시 찾을 수 있다. 이 돌이 이렇게 둥글게 깎이기 위해서는 풍화작용만으로는 부족하다. 이곳에 흐르던 물이 돌과 부딪치며 오랜 세월 돌멩이를 동그랗게 깎아내린 것이다.

많은 과학자가 추정하는 원시 화성의 모습은 지구와 같이 푸른 빛으로 가득했다. 원시 화성의 모습에서 지구를 떠올릴 수 있을 정도로 지구와 닮아 있었다. 원시 화성과 지구는 자매 행성이라고 볼 수도 있다. 하지만 바다가 사라진 화성은 붉고 딱딱한 암석들로 가득 차 더는 예전의 모습을 떠올릴 수 없게 되었다.

지구에서도 이런 모습을 찾아볼 수 있는 곳이 있다. 에티오피아 북부의 다나킬 평원(Danakil Plain)이다. 미지의 우주 행성 같은 이곳은 오묘한 색상과 기이한 풍경으로 마치 지구상에 존재하지 않을 것만 같은 풍경을 보여준다. 쩍쩍 갈라진 대지 사이로는 유황 가스가 피어오르고 사방으로 모래바람이 불어온다. 풀 한 포기 보이지 않는 메마른 땅 위로 척박하고 거친 지형이 끝없이 펼쳐진다.

700만 년 전, 동아프리카의 지각이 갈라지며 거대한 협곡과 화산지대가 탄생했다. 요르단에서 모잠비크까지 아프리카를 종단하는 광범위한 지역에 지각변동이 일어난 것이다. 이렇게 지각이 함몰돼 생긴 거대한 협곡을 지구대라고 하는데, 동아프리카의 지구대 너비는 50~60km, 길이는 무려 6,400km에 이른다.

아파르족은 다나킬 평원에서 소금을 캐다 팔며 천 년이 넘는 긴 시간 동안 삶을 이어오고 있다. 사막의 소금이야말로 이들에겐 생명줄과 다름없다. 다나킬 평원 곳곳에는 소금을 캘 수 있는 암석들

에티오피아 북동부에 있는 사막지대 다나킬 평원

이 있다. 아파르족은 이 소금을 캐서 낙타에 싣고 가 시장에서 판매한다. 혹독하고 메마른 사막이 어떻게 아파르족에게 소금을 선사하게 되었을까?

이곳의 고도는 해저 120m로 해수면보다 지대가 낮다. 수천 년 홍해의 일부였던 다나킬 평원은 바닷물이 증발하면서 광활한 소금 평원으로 변하며 세상에 둘도 없는 풍경을 빚어낸 것이다. 소금이 발견된다는 것은 이곳이 오래전, 바다를 이루고 있었다는 사실을 증명한다.

화성의 대기와 물은 왜 사라졌을까?

다시 화성으로 돌아가 보자. 화성에도 거대한 소금 평원이 있다는 증거가 속속들이 발견되고 있다. 2012년에 화성에 착륙한 나사의 탐사 로버 큐리오시티(Curiosity)는 놀라운 것을 발견했다. 화석의 적도 부근 게일 분화구를 조사하다가 소금이 포함된 침전물을 검출한 것이다. 이는 화성이 건조한 환경으로 변화하면서 분화구에 있던 물이 증발한 증거이다. 초기 화성엔 생명의 필수 성분이자 매개체인 액체 상태의 물이 존재했을 것으로 추측된다.

그렇다면 화성의 물은 도대체 왜 사라졌을까? 가장 유력한 가설은 물이 우주로 날아가 버렸다는 '대기 탈출 이론'이다. 화성이 태양과 가까워질 때 지표면의 온도가 상승하고 먼지 폭풍 등의 영향으로 수증기가 되어 대기층으로 올라간 뒤, 지구처럼 자기장의 보

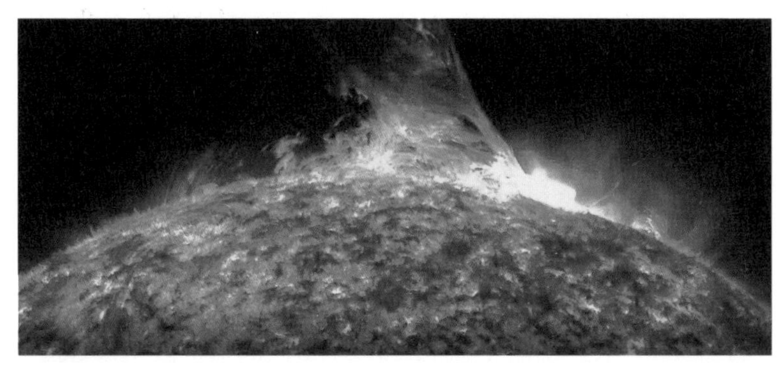

태양 면 폭발

호를 받지 못해 우주로 유실되어 버렸다는 이론이다.

태양 면 폭발(solar flare)은 히로시마 원자폭탄 수십억 개의 파괴력을 가지고 있다. 태양의 외부는 섭씨 1,000,000℃에 달하는 열기로 타오르며, 초속 400km로 이동하는 하전입자를 방출한다. 태양이 뿜어내는 양자, 전자, 헬륨 등의 고에너지 우주 입자의 위력은 어마어마하다. 태양풍은 지금 이 순간에도 매초 약 100g의 화성 대기를 파괴하고 있다.

지구에는 다행히 보호막이 있다. 바로 자기장이다. 땅속 5,000km 아래 액상의 철이 녹아 지구의 내핵을 이루는데 이는 대류 현상을 일으켜 거대한 자기장을 만든다. 이 자기장은 태양풍의 공격으로부터 지구를 보호하는 방패가 된다. 지구의 대기와 물, 생명체를 지키

내핵 대류로 생성된 지구 자기장은 태양풍으로부터 지구를 지키는 방패의 역할을 한다

는 거대한 보호막이 되는 셈이다.

태양이 지평선 아래로 가라앉으면, 지구를 보호하는 힘이 눈에 보일 때가 있다. 극지의 하늘에서 춤추는 오로라는 지구 자기장의 활동을 보여주는 눈부신 현상이다. 만약 자기장이 없었으면 물과 대기 등이 지구상에 존재하지 못했을 것이며, 동시에 인간은 물론 모든 생명체가 지구상에서 살아남지 못했을 것이다.

아쉽게도 오늘날의 화성에는 난폭한 태양풍을 막아줄 자기장이 없다. 지구와 달리 화성의 내핵은 오래전에 식어버렸고 자기장도 옅어져서 서서히 사라져 갔다. 결국, 태양풍의 공격에 무방비로 노출되어 물과 대기는 우주로 빠져나가 증발해 버렸다. 이로 인해 화성은 춥고 건조하며 죽은 행성이 된 것이다.

지구 위에 펼쳐진 오로라

그렇다고 화성에 영영 생명체가 살 수 없다고 단정할 수는 없다. 우주생물학 교수 찰스 코겔(Charles Cockell) 박사는 전 세계 극한 지역을 찾아다니며 표본을 모으고 있다. 그는 표본 안에 살아 있는 미생물을 분리해서 극한 환경에서 생존할 수 있는 능력이 있는지 연구했다. 미생물은 극도로 건조한 고온에서도 아주 잘 견뎌냈다. 우주생물학 최대의 질문은 '지구 밖에 생명체가 존재하는가?'이다. 이것은 인류가 던진 가장 심오한 질문 중 하나이다.

찰스 코겔 박사에 의하면 행성이 살만한 곳인지 알려면 가장 기본적인 것을 찾아봐야 한다. 일단 온갖 화학 반응이 일어날 수 있는 액체 상태의 물이 있어야 하며, 햇빛이나 화학 에너지 같은 에너지원도 있어야 하며, 탄소나 인과 같은 기본적인 원소들도 있어야 한다.

또한, 생명체가 자라려면 이 모든 것들이 한 장소에 함께 있어야 한다. 화성은 지구에서 볼 수 있는 진화적 발전이 일어나지 못했기 때문에 만약 생명체를 찾는다면 아마 땅속 깊은 곳에 있는 원시 생명체를 찾게 될 것이다.

화성에서 생명이 살아가는 두 장소를 추측할 수 있는데, 첫 번째는 염분이 많이 존재하는 공간을 찾아야만 한다. 소금물은 지금도 화성 표면에 액체 상태로 있을 수 있다. 다음으로 오래된 소금 침전물을 찾아야 한다. 이 소금 속에서 화성의 과거 생명 흔적을 찾을 수 있다.

찰스 코겔 교수가 찾아낸 캐나다의 한 호수에서 발견한 표본에서는 황산염의 농도가 매우 높아 화성에서 찾은 소금과 유사한 성질을 가졌다. 이런 곳에서 박테리아를 발견할 수 있다면, 화성과 같은 환경에서도 생명체가 살 수 있다는 이야기가 된다. 하지만 이것만으로는 부족하다.

이 미생물들을 화성과 유사한 환경 속에 놓아두는 실험을 통해 생물이 화성에서 생존할 수 있는지 확인해야 한다. 임의로 산소도 없고, 에너지원도 극소량에, 영양분도 거의 없는 환경을 만들었을 때, 미생물들은 생존했을 뿐 아니라 자라기도 했다. 이러한 결과를 봤을 때 화성에서도 소금이 있는 환경에서는 생명체가 자란다고 판단할 수 있다.

우주 생물학자들은 지금도 계속해서 화성에서 생명이 살 수 있다는 근거를 모으고 있다. 만약 화성 표면 아래에서 살아 있는 생명체를 만난다면 그것은 세기의 발견이 될지도 모른다.

수많은 과학자가 현재 살아 있는 인류 중 화성에 첫발을 디디는 사람이 나올 것이라고 믿고 있다. 밤하늘을 올려다보며 붉은 행성을 바라본 누군가가 언젠가 화성으로 여행을 떠날 수 있다. 또한, 아마도 언젠가는 외계 생명체를 만날 수도 있다.

화성은 생명이 살 수 없는 죽은 행성이 되었지만, 지구의 인류는 화성에서 가능성을 찾고자 노력하고 있다. 인류는 끊임없이 화성을 탐구하고 화성으로 가는 길을 향해 도전하고 있다.

인류는 화성에 정착해 살 수 있을까?

"화성에 오신 걸 환영합니다."

하와이의 빅 아일랜드는 화성과 가장 유사한 지질 환경을 가진 곳이다. 고지대로 올라갈수록 여러분은 영화에서 보던 화성의 모습을 만날 수 있다. 빅 아일랜드는 세계 최대의 활화산 마우나 로아(Mauna Loa)로도 유명한데, 이 산 중턱의 해발 2,500m 지점에는 지구 안의 화성이라고 할 수 있는 Hi-SEAS 기지가 있다.

Hi-SEAS는 '하와이 화성 탐사 모의 훈련(The Hawaii Space Exploration Analog and Simulation)'을 뜻한다. 이 시설의 입주자들은 한 번에 4달에서 12달까지 외부 세계와 완전히 고립되어 생활한다. 이곳에서의 삶은 화성에서의 삶과 최대한 비슷하게 구현되어 있다. 모든 걸 화성이라 가정하는 이곳에서 하루 동안 살아본다면 어떨까?

Hi-SEAS 기지의 모습

사실, 이곳이 진짜 화성이라고 생각한다면 하루도 버티기 쉽지 않을 것이다. 밖에는 우주 방사능이 흐르고, 거센 모래폭풍이 휘몰아칠 게 분명하다. 게다가 바깥을 나서면 금방이라도 온몸이 얼어붙을 정도로 낮은 기온 때문에 우리는 꼼짝도 못 한 채 기지 안에 갇혀 있을 수밖에 없다. 게다가 우리가 사랑하는 사람 모두가 멀리 떨어져 있다. 아무리 보고파도 그저 지구에서 가져온 사진을 쓰다듬을 수밖에 없다. 다행인 점은 어쨌든 이곳이 실제 화성이 아닌 모의 탐사 기지일 뿐이라는 점이다.

그렇다면 기지에 들어가보자. 먼저 에어록에 들어가 실제 화성 기지처럼 3분 동안 가압한 후 입장한다. 기지는 당신이 생각한 것보

화성기지 조형도

Hi-SEAS 기지의 내부

다 넓다. 1층은 연구 및 생활공간이며, 2층은 침실로 사용된다. 미래 화성 연구자들은 혹독한 환경에 직면해서 고립을 견뎌야 하므로 실제 화성처럼 모든 자원을 절약하고 제한해 사용한다.

다음으로 잠을 자기 위한 방에 들어가 보자. 방은 굉장히 조그마하고, 마치 고시원과 같은 분위기이다. 정말로 화성에서 3년 동안 이와 같은 방에서 지내면 쉽지 않을 것이라는 생각이 들 것이다. 방 옆에 또 다른 방이 있어 방음 역시 잘 안 된다. 틈새로 옆 방을 보는 것도 가능하다. 만약 이곳에서 생활한다면 프라이버시라는 단어는 머릿속에서 지워야 할 것이다. 이 방은 생활을 위한 공간이 아니라 오로지 수면을 위한 공간이 될 것이다. 대부분의 시간은 바깥에서 다른 팀 대원들과 같이 생활할 것이다.

영화 <마션>의 한 장면

영화 〈마션(The Martian)〉에서는 척박한 화성의 환경을 그리고 있다. 맷 데이먼(Matt Damon)이 연기한 마크 와트니 박사는 우연한 사고로 화성에 홀로 남게 되자 생존을 위해 준비한다. 그는 태양광으로 에너지를 만들고, 감자를 키우면서 500일 넘게 화성에서 홀로 살아남는다. 이처럼 화성은 영화와 소설의 소재로 많이 쓰이며, 태양계 행성 중 우리의 관심을 가장 많이 받은 행성이다. 그렇다면 화성기지에서 무엇을 먹을 수 있을까? 영화에서처럼 먹을 것이 없다면 직접 씨앗과 분뇨를 이용해 감자를 키우는 것이 가능할까?

화성에 간다고 해서 배고픔에 굶어야 한다고 생각한다면 오산이다. 실제로 다양한 냉동건조 식품이 준비되어 있다. 한 예로 감자나 피망이 들어간 요리는 실제 레스토랑에서 판매해도 괜찮을 정도로 꽤 높은 수준의 맛을 자랑한다. 이러한 냉동건조 식품은 건조

다양한 재료로 만든 냉동건조 식품

되어 농축되었기 때문에 꽤 맛있다. 여러분에게 익숙한 라면 맛이 나는 냉동건조 식품도 있다. 물론 운이 좋지 않다면 이상한 향이 나거나 동물 사료 맛이 나는 냉동건조 식품을 고를 수도 있다.

매일매일 똑같은 음식을 먹을지 걱정할 필요도 없다. 화성에 머무는 동안 여러분은 여러 종류의 냉동건조 식품을 체험할 수 있다. 채소나 고기는 물론, 버터와 같은 기호 식품들도 먹을 수 있다. 이렇게 다양한 종류의 음식을 먹는다면 2, 3년 동안 화성에 거주하는 것이 꽤 괜찮은 선택지일 것이다.

원한다면 기존의 냉동건조 식품을 서로 섞어 새로운 요리를 만드는 것도 좋은 아이디어일 수 있다. 물을 부으면 새로운 재료가 탄생하기 때문에 각종 재료를 조합하면 전에 없던 새로운 요리를 만들 수 있다. 놀랍겠지만, 한국 음식인 김치와 라면, 수정과 등도 우주 식품으로 최종 승인을 받았다. 이제 우주에 나가서도 김치와 라면을 먹을 수 있다. 물론 우주에서는 미생물 때문에 국물 없는 라면을 먹어야 하지만 말이다.

Hi-SEAS의 화성 모의 탐사 대장 미카엘라 무실로바는 한 개의 통에 실제 피망을 넣으면 3개밖에 들어가지 않지만, 냉동건조 분말로 만들어 같은 통에 넣으면 130인분이나 들어간다며, 수분을 함유한 원재료들에 비해 분말로 만들면 화성까지 가져가기가 훨씬 쉽고 비용도 적게 든다고 언급했다.

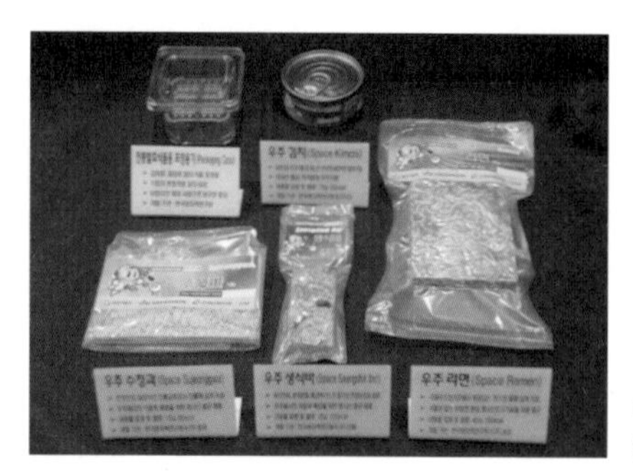

다양한 냉동건조 식품
(ⓒ한국원자력연구원)

지금까지 화성 탐사를 비교적 낙관적으로 이야기했지만, 이러한 동결 건조 음식을 3년 동안 매일 먹어야 한다면 그 자체가 고역일 수 있다. 우주에서 식품을 섭취하는 것은 무척이나 중요한 일이다. 특수 건조된 우주 식량만으로 과연 우리는 생존할 수 있을까?

인류가 달이나 화성에 진출할 때를 대비하여 남극 EDEN(Evolution & Design of Environmentally-closed Nutrition sources) 연구소에서는 우주 온실을 만들어 공중재배법 등을 실험하고 있다. 우주에서도 동결 건조 음식을 통해서 영양분을 섭취하며 살아갈 수는 있겠지만, 화성과 달에 장기 체류할 우주인이 신선한 식품을 섭취하는 것은 심리적 측면에서도 매우 중요하다.

ESA를 비롯해 나사에서는 우주 온실에 관심을 가지고 연구를 지속하고 있으며, 고립된 남극 대륙에서도 LED 빛을 태양으로 삼아 식물이 자랄 수 있는 환경을 조성하고, 이산화탄소, 물, 산소, 배

설물이 순환할 수 있는 작은 생태계 시스템을 만들려고 노력하고 있다.

만약 정말 싱싱하고 맛있는 음식을 원한다면 다른 중요한 문제를 해결해야만 한다. 실제로 우주에서 토마토나 감자 같은 음식을 키우기 위한 연구 역시 진행 중이다.

이 화성기지 체험 미션에서 대원들이 겪는 가장 큰 어려움은 매우 제한된 자원으로 살아가는 방법을 배워야 한다는 것이다. 일단 아주 적은 양의 물을 사용해야 한다. 화성에는 액체 상태의 물이 없다. 그래서 실제 화성에서의 상황을 고려하여 Hi-SEAS 기지에서는 요리, 청소, 목욕 등 기지에서 발생하는 모든 것을 다 포함해서 한 사람당 하루 물 소비를 7.5L로 제한하고 있다.

심지어 전력도 태양 에너지로 만들어 사용하기 때문에 날씨가 나쁠 경우 거의 전기를 쓸 수 없다. 생존을 위한 거의 모든 것을 절약해야 한다. 물론 난방으로 사용할 전기 역시 아껴야 한다. 이 모든 것은 언젠가 화성의 첫 번째 정착지에서 일어날 일이다.

그렇다면 이제 기지 밖을 탐험해보자. 생명 유지 장치인 우주복을 꼼꼼히 챙기는 것은 필수다. 생명 유지 장치에 호스를 꽂아서 공기가 순환되는지 먼저 확인해야 한다. 공기는 호스를 따라 헬멧으로 공급되어 당신이 호흡할 수 있도록 할 것이다.

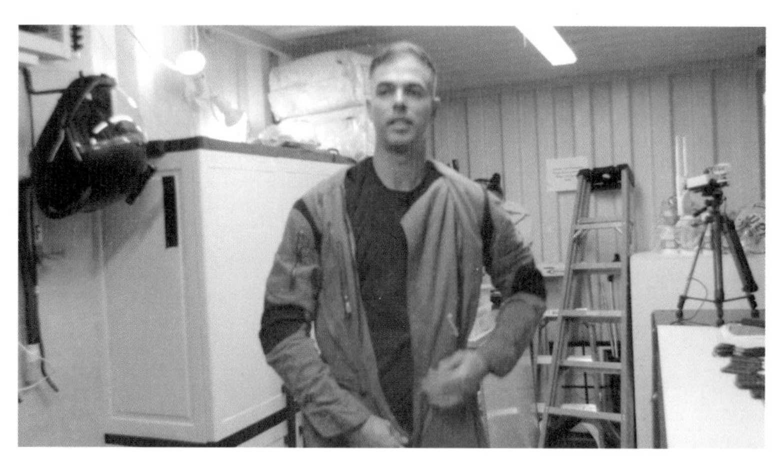
Hi-SEAS 기지에서 우주복을 입는 모습

사실 모의 화성기지에서 입는 하이시스 우주복은 진짜 우주에서 입는 우주복은 아님에도 입는 일부터 쉽지 않다. 바지만 입는데도 두 사람의 힘이 필요할지도 모른다. 마찰로 인해 안감이 계속 접혀 발을 넣는 것부터 구멍을 찾는 일조차 쉽지 않을 수 있다. 헬멧을 착용하자 기압을 높이기 위해 공기가 계속 들어오며, 당신의 몸이 풍선처럼 불어나기 시작한다. 당신이 팔을 벌리지 않아도 자동으로 팔이 올라갈 것이다.

처음 입었을 때는 매우 무겁지만, 우주복과 살이 맞닿으며 안의 부피가 점점 증가하면서 조금씩 편안함을 느낄 것이다. 문제는 기압이 높아지면서 팔이 길어지며 장갑에서 빠지게 될지도 모른다는 점이다. 무릎을 굽히려고 해도 쉽사리 무릎이 잘 굽혀지지 않을 수 있다. 만약 걷다가 혼자 넘어진다면 아찔한 일이다. 마치 풍선 속을 걷는 것처럼 난해한 상태로 혼자 허우적대며 몸을 일으킬 수 없을지도 모른다. 우주복을 입으면 관절의 움직임 역시 상당히 제한될 수밖에 없다. 우주복 내부는 습하고 답답하다. 당신은 당장이라도 우주복을 집어 던지고 시원한 공기를 맞이하고 싶을 것이다.

하지만 본격적으로 헬멧을 쓰고, 두꺼운 장비를 입은 모습이 멋지게 느껴지지 않는가? 진짜 화성에 가게 된다면 방사선을 막기 위해서 장비는 훨씬 두꺼워지고 무거워질 것이다. 가볍게 만든 것임에도 이 우주복은 꽤 무거울 수밖에 없다. 몇 시간 걷는 것조차 쉽지 않을 것이다.

화성 탐사의 난제

Hi-SEAS 대원들은 우주복을 입고 용암 동굴을 모의 탐사하는 미션을 수행한다. 한 시간 이상 우주복을 입고 걸으니 대원들의 발걸음은 점점 무거워진다. 두꺼운 헬멧을 썼기 때문에 얼굴이 가려워도 긁을 수 없을뿐더러 익숙하지 않은 옷에 불편할 수밖에 없다. 불편하더라도 이들이 입고 있는 우주복은 가상의 생명줄이다. 화성의 중력은 지구의 1/3이고 공기 기압은 지구의 1/100이다. 우주복은 이러한 화성의 환경을 극복하고 지구와 같은 환경을 만들어주는 생명 장치이다.

용암 동굴을 걷는 대원들의 발걸음이 분주하다. 동굴 안의 바위는 굉장히 날카롭고, 때로는 위험한 칼날과 같다. 그 방향을 따라 시야 넓게 걸어야 하지만, 또 동시에 바닥이 위험하기 때문에 발바

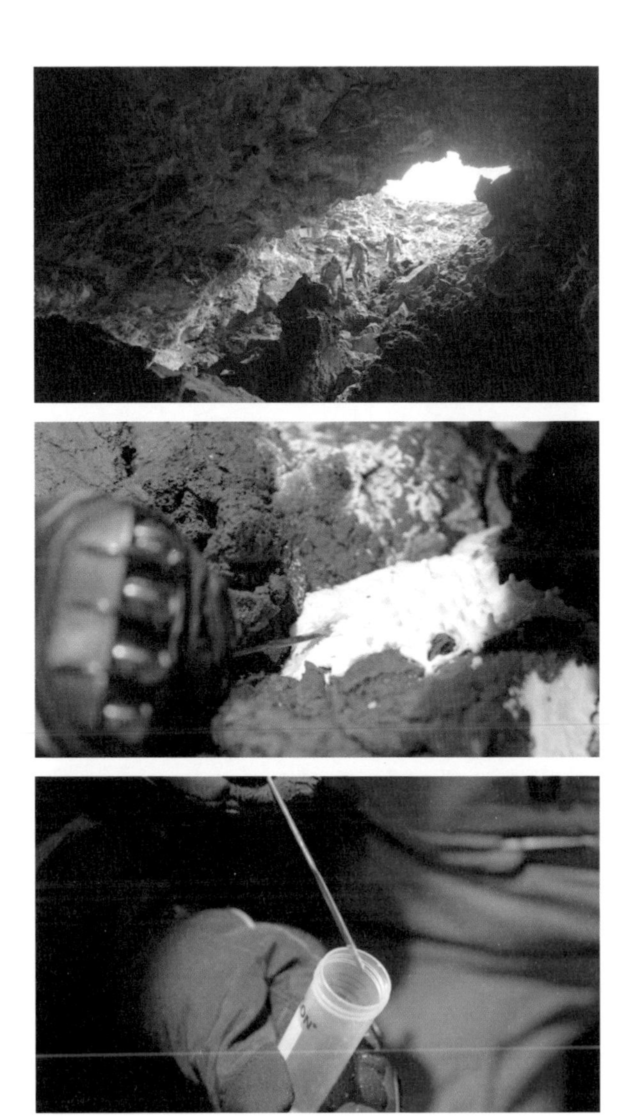

Hi-SEAS 대원들의 용암 동굴 탐사 모습

닥이 닿는 곳마다 주의하며 걸어야 한다. 용암 동굴은 흡사 외계의 행성과 같다. 당신이 이 프로젝트에 몰입한다면 이곳이 지구 어딘가가 아닌 어느 외계 행성이라고 금새 믿을 것이다.

이렇게 용암 동굴을 탐험하는 이유가 있다. 만약 인류가 처음으로 화성에 도착하면 엄청난 추위와 모래 폭풍, 그리고 방사선을 피해 숨을 곳을 찾아야 한다. 화성에는 이러한 용암 동굴이 많이 있어서 가장 쉬운 은신처는 용암 동굴이 될 것이다.

나사는 미래의 화성 탐험가들과 서로 연락할 방법을 연구하고 있다. 화성 여행은 가장 짧게 잡아도 3년 가까이 걸린다. 가는 데만 약 6개월이 걸리고 지구로 돌아오기까지는 약 1년에서 1년 반쯤 기다려야 한다. 아무리 용감한 여행가라도 지구와 연락할 방법이 필요하다. 3년 동안 두세 명 정도의 동료와 화성에 고립되어 지구의 가족이나 친구와 연락하지 못하면 너무 힘들기 때문이다.

화성과 지구의 거리를 생각하면 일단 통신이 지연될 수밖에 없다. 화성에 있는 누군가가 지구에 있는 상대와 대화한다면 음성 통신 장비를 이용해 상대방에게 목소리를 전달하는 데 4분에서 22분 정도 걸린다. 상대가 대답하면 그 말을 듣는 데도 다시 4분에서 22분 정도 걸리게 된다. 나사는 지금도 최상으로 통신하기 위한 여러 가지 기술을 개발하고 있다. 음성은 그중 확실한 한 가지 방법이다.

응답을 기다리는 동안 다른 일을 할 수 있으므로 문자 메시지 역시 좋은 방법이 될 것이다.

리처드 스티븐슨은 오스트레일리아에 있는 캔버라 심우주 통신 단지에서 일하고 있다. 전 세계에 세 군데 있는 심우주 통신망은 수십억km 떨어진 곳과 고주파 무선 신호를 주고받을 수 있다. 심우주 통신망의 각 시설은 약 120도 간격으로 떨어져 있어, 자전을 해도 24시간 내내 어떤 임무라도 수행할 수 있다. 심우주 스테이션 43은 70m짜리 튼튼한 안테나로 금속으로 만들어졌다. 4,000t에 이르는 무게로 바람이나 날씨와 관계없이 지구와 연락을 주고받아야 하는 우주선을 지원할 수 있다. 화성의 통신 인프라 구축은 앞으로 중요한 문제가 될 것이다.

심우주 통신망의 좌우명은 '우리 없이 지구를 떠나지 마라.'이다. 태양계의 교통관제 센터로서 심우주 통신망은 미래의 화성 여행자들과 연락을 주고받는 일뿐 아니라, 우주선들이 통신 방해 속에서도 서로 충돌하지 않도록 막는 역할을 할 것이다.

안테나를 화성의 정 중앙으로 향하게 한 다음에 광선을 이용하면, 화성 궤도를 도는 어느 우주선과도 통신할 수 있다. 화성 주위를 돌고 있는 우주선을 전부 포착해내야 하므로 이 일은 매우 까다롭지만, 미래에 화성에 처음 가는 사람에게는 무척이나 필요한 서비스이다. 만약 우리가 화성에 가게 된다면 사랑하는 사람들과 매일 연락하고 그곳에서 본 아름다운 광경에 대해서 신나게 얘기할 수 있을 것이다.

이처럼 모의 화성기지에서 훈련하는 연구자들 덕분에 미래의 화성 여행자들은 혹독한 환경에 맞서서 살아갈 수 있을 것이다. 실제 화성을 탐사하는 사람들이 비슷한 시설에 갇혀 몇 달 동안 생활한다는 사실은 우리에게 화성 탐사가 곧 다가올 미래라는 것을 시사한다. 인류가 화성에 갈 수 있는 미래를 꿈꾸기 때문에 이러한 시설을 만들고 실험하는 것이다.

하지만 화성에 가기 위해서는 꽤 많은 숙제가 남아 있다. 우리가 일상생활 속에서 당연하다고 생각하는 것 하나하나가 화성 탐사에서는 너무나 힘든 과제가 될 수 있다. 우주복을 입고 탐사하러 나가는 아주 간단한 일도 목숨을 건 여정이 될 수 있다.

그것이 언제가 될지 알 수 없지만, 인간은 분명히 언젠가 화성에 갈 것이다. 요즘 뉴스나 미디어를 통해 많은 사람이 화성에 금방 갈 것이라는 긍정적인 생각을 하고 있다. 어떤 사람들은 화성에 가는 것이 무척 쉬운 일인 것처럼 이야기한다. 하지만 인간이 정말 화성에 도달해 정착할 수 있을지는 현실적으로 생각해보아야 한다.

여전히 화성이 '제2의 지구'가 되기에는 어려운 점이 많다. 일단 화성은 달처럼 쉽게 갈 수 있는 곳이 아니다. 달에 가는 데 2~3일 정도 걸린다면, 화성에 가는 데는 약 6개월 정도 걸린다. 만약 화성에 가서 한 달만 머무르고 온다고 해도 520일 정도의 시간이 걸리는 셈이다. 또한, 자외선 과다 노출과 골다공증 같은 신체적 질병 문제도 여전히 해결해야 할 과제이다. 그리고 이미 대부분 땅이 사막화되어 있어 극한의 먼지 폭풍이 주기적으로 화성을 휩쓴다. 화성을 주제로 한 영화들이 묘사한 화성의 척박한 모습은 허구가 아닌 사실이다.

우리가 화성에 가야 할 이유는 셀 수 없이 많다. 지구가 곧 살 수 없는 곳이 되기 때문이기도 하고, 인류가 계속해서 번창하기 위해서는 새로운 행성이 필요하다는 주장도 맞다. 하지만 화성에 가기 위한 그 수많은 노력을 우선 지구를 구하는 데 사용해야 하지 않을까? 인류의 역사를 살펴보면 인간의 머릿속엔 탐험이 프로그래밍 되어있는지 모른다. 지금껏 인류는 도달하지 못한 곳을 향해 발걸음을 내디디며 새로운 역사를 썼다. 그래서 인류가 그다음 단계로 화성을 바라보는 것은 역시 어찌 보면 당연한 일이 아닐까?

퍼시비어런스와 인저뉴어티

인간은 늘 새로운 지식을 갈망하고 탐구하는 존재이므로 우주를 향한 인간의 욕망은 당연하게 느껴진다. 하지만 순전히 지식을 위해서만은 아니다. 인류 활동을 이끄는 큰 동기의 원천은 바로 자본, 즉 수익 창출이다. 어떤 사람들은 우주를 통해 돈을 벌 수 있다고 생각한다.

화성 탐사는 1960년대 중반부터 시작됐다. 미국의 마리너(Mariner) 4호가 1965년 화성 근처까지 비행해 화성 사진 21장을 보내온 것이 화성 탐사의 시작이었다. 화성 땅에 처음 착륙한 탐사선은 1976년 나사의 바이킹(Viking) 1, 2호였다.

나사는 2000년대 들어 본격적으로 화성 탐사를 시작했다. 2001년 4월 7일 발사된 '2001 마스 오디세이(2001 Mars Odyssey)'가 화성의 표면과 방사능 환경을 처음으로 관측했고 이후 2004년엔 탐사 로봇 '오퍼튜니티(Opportunity)'가 화성 표면에 착륙하여 다양한 정보를 수집했다. 2005년엔 '마스 르네상스 오비터(Mars Renaissance Orbiter)'가 화성 대기에 진입해 기후를 관측했으며, 2011년엔 두 번째 탐사 로봇 '큐리오시티'가 화성 표면에 도착했다. 2013년엔 탐사선 '메이븐(MAVEN; Mars Atmosphere and Volatile Evolution)'이 지구인의 화성 정착 가능성을 타진하기 위해 화성으로 날아갔다.

2021년 2월 초엔 UAE와 중국의 궤도 탐사선이 화성에 안착했다. 이어 미국의 착륙선인 '퍼시비어런스(Perseverance)'가 극한 상황을 견디고 화성에 무사히 착륙했다. 나사는 퍼시비어런스가 화성 비행 중 가장 까다롭고 위험도가 높아 '공포의 7분'이라 불리는 화성 대기권 진입과 하강, 착륙 과정을 무사히 통과해 화성 표면에 안착했다는 것에 큰 의미를 부여했다.

나사가 2020년 7월 30일에 발사한 화성 탐사 차량 퍼시비어런스는 무려 4억 7천만km를 날아 2021년 2월 18일에 화성에 착륙했다. 정확한 착륙 장소는 예제로 크레이터(Jezero crater)로 30~40억 년 전 강물이 흘러든 삼각주로 추정되는 표면으로 유기 분자를 비롯한 미생물의 흔적을 발견할 가능성이 있는 곳이다.

퍼시비어런스는 생각보다 큰 몸집을 가지고 있는데 키는 2.2m,

퍼시비어런스

가로 몸집이 3m, 몸무게는 1t에 달한다. 즉, SUV와 비슷한 크기이다. 또한, 약 2m의 길이의 로봇팔엔 강력한 드릴이 달려 있다. 이 드릴로 단단한 지반을 뚫어 토양 샘플을 수집한다. 그 밖에 바퀴는 6개이고, 몸체 앞뒤로 카메라 23대와 마이크 등의 고성능 장비가 장착되어 있어 나사의 탐사 로버 중 가장 크고 정교하다는 평가를 받고 있다.

퍼시비어런스의 주된 임무는 과거 화성에 존재했을지도 모르는 고대 생명체의 흔적을 찾기 위해 지구로 가져올 토양이나 암석 표본을 채취하는 일이다. 화성의 흙을 지구로 가져오는 시도는 퍼시비어런스가 최초이다. 나사는 ESA(European Space Agency; 유럽우주국)와 함께 2026년에 퍼시비어런스가 수집한 표본을 수거하기 위한 탐사선을 보낼 예정이다. 2031년이면 화성의 흙이 지구로 올 것으로 예상된다. 이 탐사차의 이름이 왜 퍼시비어런스(perseverance; 인내)인지 이해가 가는 대목이다.

화성의 생명체 존재 여부와 화성의 고대 환경 조사, 화성 지표의 역사 등을 밝히는 것이 이 탐사선의 목표이지만, 더불어 중요한 목표는 이후에 진행할 화성 유인 탐사를 준비하는 일이다. 미래의 인류가 화성을 유인 탐사할 때 위험한 것이 없는지 탐색하고, 대기의 상태를 알려주어 미래의 기지를 건설하는 데 도움을 줄 예정이다. 2030년대에 미국의 화성 유인 탐사가 계획되어 있다. 퍼시비어런스는 지금도 화성의 사진과 바람 소리 등을 지구로 계속 발송하며 활발히 활동하고 있다.

퍼시비어런스와 함께 화성으로 보내진 인저뉴어티는 높이 0.5m, 회전날개 길이 1.2m, 중량 1.8kg의 우주 헬기다. 화성은 중력이 지구의 1/3이기 때문에 화성에서의 인저뉴어티 무게는 0.67kg에 불과하다. 또한, 화성은 대기 밀도가 지구의 1/100 수준에 불과해 공기의 힘으로 양력을 만들어내기 어렵다. 따라서 인저뉴어티는 1.2m 길이의 탄소섬유 날개 4개가 분당 2,500회 회전할 수 있도록 설계되었다. 이는 보통 헬기보다 8배 빠른 속도이다. 따라서 인저뉴어티가 화성 상공을 날았다는 것은 꽤 의미 있는 기술 집약의 결과라고 볼 수 있다.

인저뉴어티

우주 헬기 인저뉴어티 시험 비행의 성공으로 나사는 차기 유, 무인 화성 탐사에 더 발전된 로봇 비행체를 동원할 수 있게 되었다. 인저뉴어티는 화성 궤도에 떠 있는 우주선, 지표면에 착륙한 탐사선이나 착륙선이 보내주지 못하는 화성의 독특한 모습과 고해상도 영상까지 제공할 수 있다. 또한, 탐사 로봇과 인간을 위한 정찰 업무도 수행할 예정이다. 인간이 접근하기 힘든 구역에 들어가 제 몫을 해내길 기대하고 있다.

화성의 테라포밍

인류는 이렇게 다양한 방법으로 화성을 탐구하고, 화성으로 가려는 꿈을 포기하지 않고 있다. 한편에선 화성의 환경을 지구처럼 바꾸는 방법이 연구되고 있다. 이른바 테라포밍(terraforming)이라 불리는 이 작업은 인간을 비롯한 생명체들이 살 수 있도록 행성의 대기 및 온도, 생태계를 지구와 비슷하게 바꾸는 작업이다. 과연 이것이 가능한 일일까?

《화성 이주 프로젝트》의 저자 스티븐 페트라넥(Stephen Petranek)은 화성의 온도를 조금만 높여도 놀라운 일이 일어날 것이라며, 반사 물질로 거대한 태양돛을 만들어 큰 형태의 거울을 만들면 된다고 주장한다. 이 거울이 태양에서 오는 빛을 반사해서 화성 표면을 비추면서 화성의 온도를 올릴 수 있다는 것이다.

반사 거울이 태양에서 오는 빛을 화성으로 반사하는 상상도

대각선 길이만 240km인 이 반사 거울의 목표 지점은 이산화탄소 얼음으로 이뤄진 화성의 극관이다. 화성 표면에 반사열을 가하면 드라이아이스와 얼음이 녹아 증기 가스로 바뀌어 화성 대기가 만들어진다. 스티븐 페트라넥은 화성의 온도가 4°F만 올라가도 막대한 이산화탄소가 대기에 배출될 것이고, 그렇게 되면 화성의 대기는 지금보다 수백 배는 더 두꺼워질 것이라 설명한다.

하지만 대기가 두꺼워지더라도 태양풍을 막지 못하면 소용없다. 따라서 태양풍이 화성 대기를 모조리 날려버리지 않도록 방어할 기술이 필요하다. 그래서 화성에 인공 자기장을 만들자는 아이디어도 나오고 있다.

나사의 수석과학자 제임스 그린(James Green)은 화성 앞의 라그랑주 지점(Lagrangian Point)에 인공 자기장을 생성하면 태양풍은 인공 자기장에 부딪혀 화성을 비켜나가게 되고, 오랜 시간이 지나면 화성 대기가 복구될 것이라 주장한다.

이 모든 것이 성공하면 비로소 두꺼운 대기층 아래 적당한 기온과 기압이 만들어지고, 드디어 인간은 우주복을 벗을 수 있을까? 과연 화성은 지구처럼 생명의 행성으로 다시 태어날 수 있을까? 물론 이렇게 화성을 테라포밍하는 것은 수백 년 이상이 걸릴 장기간의 프로젝트이고 지금은 구상 중인 이야기일 뿐이다. 하지만 참으로 황홀하고도 대담한 상상력임에 틀림없다. 화성을 개조하는 것은 먼 미래이지만, 인간이 화성에 발을 내딛는 그 날은 생각보다 가까이 와 있다.

일론 머스크는 미국의 한 TV 토크쇼에 나와 이렇게 말했다. "단시간 내 화성을 지구처럼 바꿀 수 있습니다. 양극 지방에 핵폭탄을 터뜨리면 됩니다." 지구에선 40억 년 전 선캄브리아대에 벌어진 일을 정말 과학의 힘을 통해서 이룰 수 있을까?

유명한 천문학자인 칼 세이건(Carl Sagan)도 사이언스(Science) 지에 화성의 테라포밍을 제시한 적이 있다. 칼 세이건은 일단 차가운 지표의 기온을 올릴 필요가 있다고 언급했다. 대기 중으로 이산화탄소를 방출하는, 이른바 '온실효과(Greenhouse effect)'를 이용하겠다는 것이다. 이 방법을 쓰면 오랜 시간이 흐른 뒤에는 생명체가 살 수 있는 환경이 조성된다고 주장했다.

일론 머스크의 핵폭탄 아이디어는 극지방 얼음 속 이산화탄소를 활용한다는 점에서 칼 세이건의 구상과 비슷하다. 다만 그 방법은 시간이 너무 오래 걸리기 때문에 핵폭탄으로 이를 단시간에 끝내겠다는 것이다. 어찌 보면 실리콘밸리의 악동다운 발상이다.

하지만 이에 대해선 우려의 목소리가 크다. 나사 역시 머스크의 급진적 아이디어를 비판했다. 나사는 원래 있던 자연 상태를 보전하면서 테라포밍을 진행할 예정이라고 하며, 점진적으로 화성을 바꾸는 방법에 주목하고 있다.

나사의 계획대로라면, 화성 대기압을 높이는 데는 90년, 빙하 등을 녹여 물을 얻는 데 120년, 행성 기온을 올리는 데 150년, 식물을 심고 퍼뜨리는 데 50년, 화성 정착지 건설에 70년이 소요된다. 총 480년이 걸리는 셈이다.

화성 테라포밍 과정

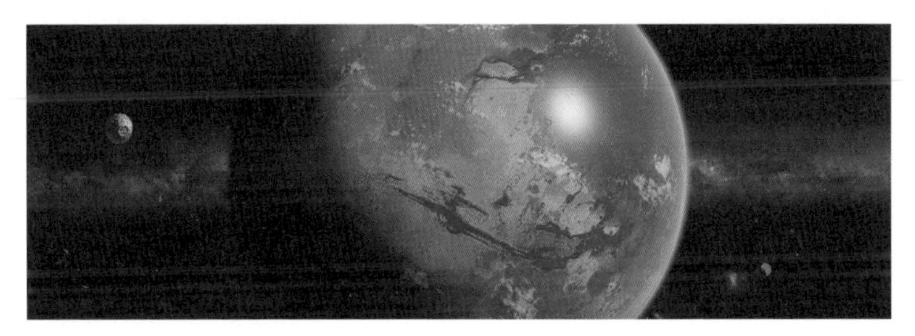

테라포밍이 진행된 화성의 미래 모습 상상도

스페이스X의 끊임없는 도전

로켓을 한 번 발사하는 데는 천문학적인 비용이 든다. 화성행의 가장 큰 장애물 역시 비용이라 할 수 있다. 스페이스X 역시 비용을 줄이기 위한 다양한 노력을 거듭해 왔다. 2015년 12월 22일, 2단 로켓 팰컨 9(Falcon 9)이 발사되었다. 얼마 뒤 로켓은 완전한 형태로 지상에 착륙했고, 스페이스X는 로켓 발사체를 회수하는 데 성공했다. 여러 차례 거듭된 실패 끝에 거둔 성공이었다. 덕분에 천문학적인 발사 비용을 줄일 수 있게 되었다. 현재 스페이스X는 같은 발사체를 10회 발사하는 재사용 기록을 세우는 중이다.

로켓 재사용은 당연히 일회용품으로 생각하던 로켓에 있어서 혁명적인 성과로 평가받고 있다. 지금 같은 추세라면 앞으로 1kg의 물체를 우주로 보내는 비용은 50달러 이하로 내려갈 것으로 예상된다.

팰컨 9 발사체 회수에 성공하는 모습

일론 머스크는 이어 2018년 보카치카에 우주 공항을 만들고 화성 이주를 향한 꿈을 차근차근 실현해나갔다. 2020년부터는 화성행 로켓의 시제품을 테스트하기도 했다. 그리고 2021년 5월 스타십은 지상 10km까지 이륙한 후 그대로 내려와 직립 착륙하는 데 성공했다.

그동안 스페이스X는 알려진 성공 이상으로 수많은 실패를 반복해왔다. 이 실패는 지금 성공의 중요한 밑거름이 되었다. 실패에 연연하지 않고 늘 전진하는 일론 머스크와 스페이스X 직원의 뚝심이 지금의 성공을 만들었다고 볼 수 있다.

또한, 나사도 화성 탐사를 목표로 가장 강력한 우주 발사체를 개발 중이다. 바로 화성을 비롯한 심우주 탐사를 목표로 하는 우주발사시스템(SLS; Space Launch System)이다. 심우주란 달 밖의 우주를 뜻하며, 보통 지구에서 200만km 떨어진 곳부터 심우주라고 한다. 지구와 달 사이 거리의 140배가 넘는 56,000km를 오갈 수 있느냐가 이 기술 개발의 관건이다. 50년 만에 재개하는 달 탐사 계획도 화성을 염두에 둔 것으로 알려졌다. 달을 교두보로 삼아 10년 후 화성에 우주 비행사를 보내는 것이 나사의 목표이다.

인류 역사상 가장 담대하고 위대한 도전을 위해 민간과 정부의 노력은 계속되고 있다. 더 먼 우주로 가기 위한 인류의 도전은 과연 어떤 결과를 낳을까? 상상에만 머물던 우주 대항해 시대가 현실이 될 날이 머지않아 보인다.

인류의 역사를 뒤흔든 큰 변화는 언제나 무모해 보이는 도전과 모험에서 출발했다. 화성을 비롯한 심우주를 향한 인류의 도전은 이미 시작되었다. 앞으로도 인류는 끝없이 노력하고 발전해 나아갈 것이다.

유럽 소재 민간 우주 기업

SES S.A.(1985)

룩셈부르크의 SES는 정지궤도 위성과 중궤도 위성을 통해 전 세계를 대상으로 통신, 방송, 디지털 데이터 등을 중계하는 회사로 매출액과 이익에 있어 세계 최대 위성 운영 및 서비스 기업 중 하나이다. 소형 저궤도 위성군의 발전과 함께 SES 역시 36개의 저궤도 위성으로 구성된 위성군 체계 조성을 준비 중이다.

Eutelsat S.A.(1977)

프랑스의 Eutelsat은 전 세계 위성 운영 기업 중 세 번째로 큰 회사로 39개의 통신위성을 운영하고 있다. 유럽 전 지역과 아시아, 아프리카 그리고 미국까지 세계 전 지역으로 통신망이 구축돼 있다.

PLD Space(2011)

스페인의 발사 서비스 업체로 현재 재활용 로켓을 개발하고 있다. Miura 1은 로켓의 1단을 재활용할 계획이며, 성공 시에는 스페이스X와 블루 오리진을 따라잡을 수 있는 유럽의 첫 재활용 로켓으로 거듭날 수 있을 것으로 예상된다.

Thales Alenia Space(1997)

프랑스의 Thales Group과 이탈리아의 Leonardo의 합작 투자 벤처이다. 유럽 내 가장 큰 위성 제조업체이며, 통신, 항법, 지구 관측 그리고 우주 탐사의 미션을 수행하는 위성을 제조한다.

OHB SE(1958)

독일에 본사를 둔 유럽의 다국적 기업으로 OHB System AG(독일), Antwerp Space(벨기에) 등 여러 자회사를 보유하고 있다. 유럽 우주 기업 중 3번째로 큰 회사이며, 항공 우주 기술 분야에서 독일 증권시장에 최초로 상장된 기업이기도 하다.

KSAT(1967)

노르웨이의 KSAT는 현 지상국 서비스를 제공하는 기업 중 가장 긴 역사를 가지고 있다. KSAT는 세계 곳곳에 20개가 넘는 지상국을 보유하고 있으며, 위성과의 실시간 통신 서비스 및 위성 영상을 활용한 지구환경 관측 서비스를 제공하고 있다. 우주산업의 흐름에 따라 저궤도 소형 위성 전용의 KSAT Lite, 상업 목적의 광통신 지상국 등 새로운 비즈니스 모델을 제시하며 계속해서 성장 중이다.

Leaf Space(2014)

유럽 4개 나라에 지상국을 보유한 이탈리아의 지상국 서비스 스타트업이다. Leaf Space는 머지않아 지상국의 개수를 3배로 늘릴 계획을 갖고 있다. Leaf Space는 현재까지 3억 달러의 자금을 조달했고 나머지 8개의 지상국 구축 계획을 위해 더 많은 투자사를 찾는 중이다.

Arianespace(1980)

세계 최대의 우주 발사체 개발 기업이다. 유럽 각국이 유럽 우주국(ESA)에 의해 개발·실용화된 아리안 로켓을 발사하기 위해서 공동으로 설립한 기업이다. 현재 세계의 위성 발사 시장에서 약 절반의 점유율을 차지하고 있다. 프랑스가 주요 주주이다.

Safran(2005)

다국적 통신기업인 사젬(Sagem)과 프랑스의 엔진업체인 스네크마(Snecma)의 합병으로 탄생한 기업이다. 2015년에는 프랑스의 항공기 제조업체인 에어버스(airbus)와 합작회사인 에어버스 사프란 런처스(Airbus Safran Launchers)를 만들어 유럽의 우주 탐사선 등을 만드는 6개의 우주산업 프로젝트를 진행했다. 항공우주, 항공, 방위 및 보안 등의 사업부로 나뉘어 운영된다. 한국항공우주연구원의 나로호(KSLV-1) 프로젝트에도 참여했다.

Airbus Defence&Space(2014)

보잉 다음으로 두 번째로 큰 우주 기업으로 아리안 발사체 등을 제조했다.

3부

코스모스 사피엔스

우주에서 찾는 인류의 미래

모닥불 너머로 붉게 타오르는 하늘이 보인다. 곧 하늘이 어두워지고 별들의 향연이 파노라마처럼 펼쳐진다. 쏟아질 것 같이 하늘 위에 흩뿌려진 별을 바라보면서 생각에 잠긴 적이 있는가? 저 거대한 우주 앞에서 인간의 고민은 때론 보잘것없이 느껴지기도 한다. 하늘을 올려다보며 고민에 잠긴 사람은 여러분만이 아니다. 여러분처럼, 과거의 누군가 역시 하늘을 올려다보며 광활한 우주를 꿈꿔왔다. 이 오래된 호기심은 두 갈래 길로 이어진다. 지구에 한정된 문명으로 만족할 것인가? 혹은 확장된 새로운 문명으로 도약할 것인가?

과거에도 우주로 가는 여행을 꿈꾼 이가 있었다. 구소련의 과학자 콘스탄틴 치올콥스키(Konstantin Tsiolkovsky, 1857~1935)이다. 그는 우주에 거대한 우주정거장을 설치하여 인류가 생존할 방안을 찾으려 했다. 치올콥스키가 상상한 우주정거장은 꽤 구체적이었다. 우주정거장의 온실에 들어가면 초록의 세계가 당신 앞에 펼쳐질 것이다. 우주에 식물이라고?

놀랍게도 치올콥스키는 우주정거장의 온실에서 식물을 기르려고 했다. 클레르 드니(Claire Denis) 감독의 영화 〈하이 라이프(High Life)〉에서는 우주선 안에서 정원을 가꾸는 모습이 등장한다. 영화 속 주인공들은 마치 지구와 똑같은 환경처럼 커다란 온실 정원을 관리한다. 우주에서 식물을 기르는 모습은 이제는 낯설지 않은 설정이지만, 100년 전이라면 몽상에 가깝게 느껴졌을 것이다. 우리 모두 대지의 자식이기 때문에 푸릇푸릇한 식물이 우주정거장에서 반겨준다면 우주여행이 외롭게 느껴지지는 않을 것이다.

또한, 그는 거대한 거울을 이용해 통신할 수 있다고 했으며, 바퀴 형상으로 이루어진 우주정거장을 회전시켜 인공 중력을 얻는 방법도 소개했다. 치올콥스키의 제안은 100여 년이 지난 현재 점차 현실이 되어 가고 있다. 우주를 향한 과학자들의 예언은 실현할 수 있는 미래로 우리에게 다가온 것이다.

치올콥스키는 "지구는 인류의 요람이다. 하지만, 인류가 영원히 요람에 머물 순 없다."라고 이야기하며 인류의 미래가 우주에 달려 있다고 예측했다. 당신이 꿈꾸는 말도 안 되는 몽상은 언젠가 미래가 될 수도 있다.

달 착륙에 성공한 최초의 유인 우주선인 아폴로 11호 때만 해도 인간이 우주에 체류할 수 있는 시간은 4~5일이 전부였다. 하지만 이제 인류는 우주정거장에 1년 365일 생활하는 단계에 이르렀다. 놀랍지 않은가? 그렇다면 치올콥스키가 상상했던 우주정거장의 미래에서 우리는 얼마나 더 진보했을까?

국제우주정거장의 과학 실험

국제우주정거장에서는 다양한 과학 실험이 이루어지고 있다. 이곳에서는 생물학, 물리학, 화학 등 다양한 분야의 과학 실험이 이루어진다. 우주에서 벌어지는 과학 실험은 지상과는 얼마나 다를까?

국제우주정거장에서는 새로운 우주 기술을 개발하고, 무중력 상태에서의 물리학과 생명과학을 연구해 향후 장기간의 우주 탐사와 여행에 대비하고 있다. 또한, 알려지지 않은 신비로운 우주의 비밀을 풀기 위한 연구도 진행되고 있다. 국제우주정거장은 지구의 한계를 벗어나기 위한 발판을 마련하고 있다. 언젠가 우주로 떠날 인류를 위해 완벽한 준비 체계를 갖춰나가기 위한 노력이라 할 수 있다.

나사는 지난 20년간 국제우주정거장의 실험을 살펴보며, 이중 가장 대표적인 성과를 선정했다. 여기에는 기초 질병 연구를 비롯해 우주에서 인류가 살아가기 위한 다양한 실험이 포함되어 있다. 단백질 결정을 이용해 약물을 개발하거나, 우주에서 근육 위축 및 뼈 손실이 일어났을 때 대처하는 법, 미세중력으로 인한 우리 몸의 변화 등 인류의 건강과 밀접한 실험이 국제우주정거장에서 행해졌다. 인간의 몸뿐만 아니라 미세중력 속에서 식물이 어떻게 성장하는지 알기 위한 실험도 진행되었다.

중력의 영향을 거의 받지 않는 상태에서 강도는 높지만 무게는 가벼운 새로운 물질을 개발하거나, 효능이 좋은 순도 높은 의약품을 만드는 데에도 우주는 독보적인 환경을 제공할 수 있다. 지구에서는 중력이 존재하기 때문에 정교하게 화합물이나 재료를 만들려고 노력해도 불순물이 생길 수밖에 없다.

장영근 한국항공대 항공우주기계공학부 교수는 "무중력 상태에서는 불순물을 걸러내는 게 쉬워 순도 100% 화합물이나 재료 제작이 가능하다."고 말하며, 국제우주정거장이 신약, 고품질 재료 등을 생산할 수 있는 우주 공장 건설의 기반 연구 역할을 한다고 언급했다. 또한, 국제우주정거장에선 저궤도에서의 지구 관찰 등 우주를 이해하기 위한 연구도 계속 진행하고 있다.

스콧 켈리가 국제우주정거장에서 물방울 탁구를 보여주고 있다

여러분이 국제우주정거장의 새로운 손님이 되었을 때, 이러한 연구는 당신이 우주에 쉽게 적응하고, 안전하게 지낼 수 있도록 도울 것이다.

이곳에서 하는 연구가 자칫 어려워 보일 수 있지만, 때론 일반인의 시선을 사로잡는 재미있는 실험도 행해진다. 국제우주정거장에서 300일 이상 체류했던 미국 우주 비행사 스콧 켈리(Scott Kelly)는 물방울을 이용해 탁구 치는 모습을 보여줬다. 국제우주정거장이 무중력 지대이기에 가능한 실험이었다.

사진 속 물방울은 약 4ml 크기로 빗방울의 100배 정도 된다. 이 밖에도 켈리는 우주에서 수확한 상추를 맛보거나, 직접 우주 최초의 꽃 백일홍을 피우는 등의 다양한 일을 해냈다. 우주에서는 지구에서 행해지는 흔한 경험이 새로운 도전 과제가 된다. 기이하고 신비로운 체험뿐만 아니라 지구에서는 지극히 평범한 일상이 우주에서는 한계를 벗어난 시도가 된다.

스콧 켈리가 국제우주정거장에서 1년 동안 머물렀던 것 역시 인류에게 큰 도움이 되었다. 인간이 우주에 오래 머물렀을 때 어떤 변화가 나타나는지 분석할 기준이 되었기 때문이다. 인류가 우주로 나아가기 위해 연구해야만 하는 과제 중 하나를 푸는 데 좋은 단서가 되어준 것이다.

여러분도 SF 영화에서 지구와 다른 우주 환경 때문에 병에 걸리거나, 목숨을 잃는 사람의 모습을 본 적이 있을 것이다. 머리가 터지거나, 갑작스레 몸이 수축하는 것과 같은 극한의 상황이 아니더라도 우주에서 우리 몸은 조금씩 변화한다. 우리가 눈치채지 못하더라도 우리 몸은 우주에서 생존하기 위해서 필사적으로 싸우고 있다. 만약 우주에서 생활하는 것이 우리 몸에 위험하다면 그 이유를 분석하고 대비하기 위한 노력 역시 필요하다.

하지만 이런 연구를 진행하는 것은 무척이나 까다롭다. 지구에서도 우리 몸은 각자의 환경에 따라 다르게 반응하고, 유전자에 의

해서 신체의 변화가 나타나는 시기가 다르기 때문이다. 개개인의 몸의 특징이 다르므로 우주에서 생활하는 사람에게 나타난 신체 변화의 요인을 오로지 우주 환경 때문이라 단정하는 것은 어려운 일이다.

그렇다면 우주에서 생활한 사람과 지구에서 생활한 사람의 신체 구조를 분석하는 것은 불가능한 일일까? 가장 좋은 방법은 같은 사람이 동시에 우주와 지구에서 살아가는 것이다. 외부 요인을 통제할 수 있는 최적의 방법이다. 하지만 알다시피 이런 방법은 불가능하다. 그렇기 때문에 스콧 켈리는 나사에 무척이나 중요한 사람이었다. 그에겐 나사에서 근무하는 쌍둥이 형이 있었기 때문이다.

쌍둥이라면 조금 더 객관적으로 신체의 변화를 분석하는 것이 가능하다. 총 340일 국제우주정거장에서 생활한 스콧 켈리와 같은 시간 동안 지구에 머물렀던 마크 켈리(Mark Kelly)의 신체를 분석하면 인간이 우주에 머물렀을 때 어떤 신체 변화가 나타나는지 비교할 수 있다. 물론, 이러한 연구도 어느 정도 한계가 있을 수 있지만, 우주에 머물렀을 때 인간에게 나타나는 잠재적 위험 요소들을 범주화하고 지식화했다는 점에서 큰 의의가 있다. 달을 넘어 화성 탐사까지 꿈꾸는 인류에게 우주인의 건강은 중요한 키워드이다.

스콧과 마크 켈리는 쌍둥이 형제이다

그렇다면 스콧 켈리와 마크 켈리의 몸은 어떤 차이점을 보였을까? 스콧은 지구에서 생활했던 마크와 비교했을 때 몸무게가 줄고 소변을 보는 빈도가 늘었으며, 탈수 증상도 나타났다. 장기간의 우주여행이 유전자의 활동 패턴에 심각한 영향을 끼칠 수 있다는 점이 나타났다. 어쨌든 우주는 여전히 인간이 알 수 없는 미지의 영역이므로 위험 요소 역시 존재할 수밖에 없다.

나사는 우주인들을 위한 지능 측정 테스트를 마련했는데 기억력, 주의력, 감정 인식, 위험 감수성 등을 측정한다. 우주에서 생활하는 우주인들을 위해서 새롭게 고안된 테스트이다. 스콧 켈리는 지구로 돌아와 6개월 후, 재차 이 테스트로 지능을 검사했다. 충격적이게도 그의 지능은 일반적인 기준에 비해 느리고 정확도가 떨어졌다.

게다가 우주로 떠나기 전까지 스콧과 마크의 DNA 손상은 비슷한 수준이었다. 하지만 스콧이 우주로 떠나고, 우주에 머무는 시간이 길어질수록 스콧의 DNA 손상은 증가하기 시작했다. 세포 내 DNA 손상은 돌연변이 세포의 원인이 되는데, 이는 암을 유발할 수 있어 주의해야 한다. 그의 유전자 활동의 패턴 역시 우주 체류 기간이 길어질수록 심하게 변하는 모습을 보였다. 장기간 우주에 머무르는 것이 유전자에 심각한 변화를 끼쳤다고 볼 수 있다.

지구로 돌아온 후 스콧의 신체 능력은 시간이 지나며 차차 원상복귀했으나, DNA 손상과 인지 능력은 완전히 회복되지 않았다. 크게 염려할 만큼 큰 결과는 아니었지만, 우주에서의 생활이 그에게 영향을 끼쳤다고 볼 수 있다.

또 하나 우주에서 오랫동안 체류했던 사람들은 공통으로 '신경안구증후군(SANS)'이라는 시각장애를 입었다. 시야가 어두워지고 초점을 맞추기 어려워지는 현상이다. 스콧 역시도 우주에서 머무는 동안 시력이 나빠졌다. 심장의 혈관 변화 역시 나타났는데, 이는 약 6개월의 시간이 지나자 자연적으로 회복되었다.

여전히 우주에서 생활하기 위해서는 연구해야 할 과제가 많다.

우주 비행사 캐런 나이버그(Karen Nyburg)가 눈 검사를 하기 위해 안저경을 사용하고 있다

이러한 연구를 통해 아주 건강한 사람조차 우주 임무를 수행하는 동안 어려움을 겪는다는 것을 알 수 있다. 물론 결과가 희망적이지 않다고 생각할 수 있지만, 다행히 전체적으로 봤을 때 영구적으로 우리 몸을 위험하게 하는 변화는 일어나지 않았다. 스콧은 "우주에서는 완벽하게 정상이었던 적이 없었다."고 회고했다.

나사의 생물정보학자이자 한 연구의 책임 저자인 애프신 베헤슈티(Afshin Beheshti)는 "우주에 있을 때 영향을 받는 것은 하나의 기관이 아니라 몸 전체"라며, "우리는 이제 이 점들을 연결하기 시작했다."고 말했다.

지구를 지배하는 중력의 법칙에서 벗어나 우주 공간에서 머문다는 것은 과연 어떤 기분일까? 쉽게 상상하기 어려울 것이다. 하지만 분명한 것은 우리가 우주로 나아가는 미래에는 우주 비행 중이거나 우주 비행을 마친 우주 비행사들이 그들의 건강과 활동을 유지할 수 있도록 더 많은 연구가 충분히 진행되었을 것이다.

오버뷰 이펙트:
우주인들의 귀환 후 가치관의 변화

그렇다면 이번에는 다른 측면에서 우주인들의 지구 귀환 후의 변화된 모습을 살펴보자. 우주에 다녀온 비행사들이 겪는 신체적인 변화가 있다면 정신적으로도 달라지는 부분이 분명히 있지 않을까?

2021년 7월 20일 블루 오리진의 로켓으로 고도 107km 상공까지 올라가 우주여행을 마치고 돌아온 제프 베이조스는 기자회견에서 가장 인상 깊었던 부분을 '우주에서 지구를 바라보고 지구의 대기를 관찰한 것'이라 답하며, 우리의 일반적인 생각과 달리 지구 대기는 우주에서 보면 실제로 엄청나게 얇으며, 아주 작고 연약해 보이기까지 하다고 언급했다. 또한, "우리는 지구를 돌아다니면서 지구를 손상시키고 있다. 그것을 머리로만 인식하는 것과 직접 눈으로 보는 것은 다르다."고 덧붙였다.

생명을 보호하는 대기층은 우리가 지구 안에서 볼 때는 상당히 두터워 보인다. 그러나 사실 대기층의 두께는 지구 지름 1천분의 1에 불과하다. 이는 지구가 사과라면 대기층은 아주 얇은 껍질에 지나지 않는다고 비유할 수 있다. 우주에서 지구를 바라보아야 그 실제 모습을 볼 수 있다.

베이조스는 이후 연약한 껍질과도 같은 지구의 대기를 보호하고자 몇 가지를 약속했다. 예를 들어, 기후 변화에 대응하고 지속 가능성을 높이는 데 전념하도록 '베이조스 지구 기금(Bezos Earth Fund)'의 창설을 발표했으며, 이를 실행하기 위해 100억 달러를 지원하기로 약속했다.

황량하기만 한 우주 벌판에서 점이나 먼지에 불과한 지구와 그 지구를 둘러싼 얇고도 연약한 대기를 본다면 과연 어떤 생각이 들까? 이후 작디작은 지구에 복귀한다면 어떤 마음가짐을 가지게 될까? 작가 프랭크 화이트(Frank White)는 가족, 친구들만 생각했던 좁은 시선이 우주에 다녀오면서 인류에 대한 사랑과 친밀감으로 확대되는 현상을 발견하게 되었다며, 이러한 현상을 '오버뷰 이펙트(Overview Effect)'라 정의했다.

오버뷰 이펙트는 아주 높은 곳에서 큰 그림을 보고 난 후 일어나는 가치관의 변화로 폭넓은 관점에서 세상을 바라보는 효과라고 설명할 수 있다. 오버뷰 이펙트를 경험한 사람들은 지구에 대한 경외심이 생겨 지구상의 모든 생명체와 환경에 소중함과 책임감을 느끼게 된다고 한다.

일반적으로 우주를 여행하고 돌아온 비행사라면 엄청난 성취감을 느끼고 자아도취에 빠질 것이라는 인식과 달리, 실제로는 내적으로 겸손한 태도를 갖게 된다고 한다. 그래서 과거와 달리 지구 환경 운동 등에 적극적으로 참여하는 경우가 많다고 한다.

다만, 오버뷰 이펙트는 반드시 우주여행을 겪은 후 생기는 가치관 확장 현상만을 의미하지는 않는다. 예를 들면, 종교적인 눈이 뜨며 '절대자'에 대한 신념을 갖게 되면 그동안 소중하다고 생각했던 것이 너무나 하찮고 의미 없는 것이라 여기게 된다. 즉, 어떤 깨달음이나 사건을 계기로 개인의 가치관이 변화한다면 큰 틀에서 오버뷰 이펙트라 정의할 수 있을 것이다.

그렇다면 우주정거장에서 지구를 바라보는 모습을 구체적으로 떠올리며 오버뷰 이펙트를 좀 더 자세히 이해해보자. 우주정거장에서 지구를 관측하기 위해 쿠폴라 모듈(Cupola Module)로 우주 비행사들이 모여든다. 우선 눈을 감는다. 다시 눈을 뜨니 창을 덮고 있던 셔터가 올라가며 광활한 지구의 풍경이 펼쳐져 있다.

국제우주정거장에서 바라본 저녁노을

쿠폴라 모듈에서 바라본 지구

대기의 가느다란 푸른 선, 둥글게 휜 수평선을 보면서 자신이 정말로 우주에 있음을 느낀다. 그때 느껴지는 감정이 너무나 커서 뇌에 과부하가 걸려 말로 표현하지 못할 정도이다. '내가 살면서 이토록 웅장하고 아름다운 모습을 본 적이 있던가?'

또한, 지구의 끊임없이 변하는 이미지를 관찰한다. 허리케인과 뇌우 등의 자연현상과 재해를 관찰하면서 우리 인간은 모두 같은 처지이며 세계는 매우 좁다고 느끼게 된다. 지구는 아름답지만, 매우 연약하다. 또한, 지구는 살아 숨 쉬는 행성이다.

반면, 인간이 지정한 '국경'은 보이지 않는다. 정치적이거나 지정학적 경계 역시 보이지 않는다. 지구본에서나 보던 국경선은 실제로는 보이지 않는다. 과연 그런 것은 의미가 있는 것일까?

우주에서 보는 마젤란 성운은 지구에서 보는 것과 다르게 산란이 없어서 밝고 생생하게 보인다. 안드로메다의 나선 은하도 보이고 별의 미묘한 색이 감지되기 시작한다. 그러면서 깊은 우주의 온갖 색깔의 빛이 뿜어져서 온몸을 둘러싼다. 광활하고 무한함이 나의 주변을 감싸고 돈다. 나라는 인간은 이 우주 속에서 정말로 작은 존재임을 느끼게 된다.

지구를 바라본 여행사들은 지구의 아름다운 모습에 빠져들었다. 그러면서 시각적 아름다움에 그치는 것이 아니라 우주 공간에

떠 있는 자신과 지구 그리고 인류 전체를 다시 돌아보게 되었다. 즉, 우주에서 지구를 보면서 우리의 가치관, 관점 그리고 인생이 바뀌는 것을 경험하게 되었다.

또한, 우리가 지구에 속한 것이지, 지구가 우리에게 속한 것이 아님을 깨달으며 겸손해지고 지구의 환경을 보존해야겠다는 마음을 갖게 되었다. 특히, 지구가 얼마나 눈부시게 아름다운지를 직접 보니까 말이다.

만물은 서로 연결되어 있다. 육지와 해양, 대기는 연결되어 있으며, 우리 인간 역시 모두가 함께 이어져 있다.

국제우주정거장의 변화

경제적인 가치를 생각한다면 국제우주정거장을 운영하는 것은 큰 수익이 아닐 수 있다. 하지만 의외로 국제우주정거장의 가치는 수익을 뛰어넘는다. 국제우주정거장은 훗날 더 먼 우주로 나아가기 위한 전초 기지 역할을 할 것이기에 이를 단순히 수익 모델로만 계산할 수는 없다. 언젠가 인류는 달이 아닌 또 다른 행성에 도착할 때가 온다면 국제우주정거장의 가치는 이루 말할 수 없이 커질 것이다.

우선 먼 우주로 나아가기 위해 필요한 물자를 국제우주정거장에서 보급받을 수 있다. 휴게소처럼 국제우주정거장에 들려 무게를 줄인 상태에서 발사할 수 있을 것이다. 어느 SF 영화 속에 등장하는 장면처럼, 국제우주정거장과 도킹 후 연료를 주입해서 출발할 수도 있다. 그렇게 된다면 국제우주정거장은 화성으로 가기 위해 반드시 들려야 할 거처가 될 것이다.

대한민국은 아쉽게도 국제우주정거장 건설에 참여하지 못했다. 수십 년 뒤 우리 인류가 우주로 나아가 국제우주정거장을 활발히 사용하는 순간이 왔을 때, 우리나라는 어느 정도의 권리를 요구할 수 있을까? 2000년 나사에서는 우리나라에도 국제우주정거장의 건설 참여를 요청했지만, 대한민국은 예산 부족으로 이를 거절했다.

하지만 시간이 갈수록 국제우주정거장에도 몇몇 불협화음이 들리기 시작했다. 러시아가 국제우주정거장 프로젝트에서 탈퇴해 독자적인 우주정거장을 구축할 수 있다는 입장을 밝혔다. 이어 중국 역시 자체 우주정거장의 축이 될 첫 번째 모듈을 발사할 것이라고 밝혔다.

이렇듯 국제우주정거장의 미래가 불확실한 건 애당초 부품 노후화와 고장 등을 고려해 국제우주정거장의 수명을 20년으로 정한 데 그 원인이 있다. 이미 미국은 2015년에 국제우주정거장의 수명을 2020년으로 연장했다가, 또다시 지난 2018년 그 수명을 2030년까지 연장하는 법안을 통과시켰다.

국제우주정거장을 오래 사용하는 일은 좋은 일이지만, 문제는 장기간 임무를 수행하기 위해서는 지속해서 국제우주정거장의 부품을 교체해야 한다는 사실이다. 이 비용은 수백억 달러 이상으로 들 것으로 예상된다. 지금까지 투입된 비용만 1,000억 달러 이상인데다 매년 40억 달러의 비용이 투입되고 있다.

미국은 예산의 상당 부분을 부담하고 있는데, 미국 내에서도 국제우주정거장이 세금을 빨아들이는 블랙홀이라는 비판이 나올 정도이다.

러시아의 국제우주정거장

러시아는 1971년 최초의 우주정거장 '살류트(Salyut)'부터 2세대 우주정거장 '미르(Mir)'를 거쳐 국제우주정거장에 이르기까지 우주정거장에 관해서는 미국보다 앞선 기술을 보였다.

러시아는 국제우주정거장의 노후화 문제를 짚으며, 2025년 이후 국제우주정거장 프로젝트에서 탈퇴 의사를 밝혔다. 국제우주정거장은 2011년에 완공되었지만, 1988년 11월 러시아가 처음으로 발사한 모듈 자랴(Zarya)는 벌써 우주에서 지낸 지 23년이나 되었다. 이미 오래된 부품으로 우주의 혹독한 환경을 버티는 데 어려움이 있었을 것이다. 러시아는 이미 자국 모듈에서 공기가 누출되는 결함이 발견돼 긴급히 수리했다. 실제로 국제우주정거장의 고장도 잦아지면서 노후화를 걱정하는 의견도 많이 나오고 있다.

러시아 2세대 우주정거장 미르

1998년에 가장 먼저 배치된 국제우주정거장의 구소련 모듈 자랴

러시아가 추진하는 우주정거장은 4명이 거주할 수 있는 모듈을 포함해 모두 5개 모듈로 구성된다. 민간인 방문객을 위해 2개의 대형 전망창과 와이파이도 제공할 계획이다. 러시아는 우주정거장 건설에 60억 달러가 들 것으로 추산했다. 이 정거장은 1986년부터 2001년까지 운영했던 미르를 기반으로 한다.

러시아 연방 우주국(Roscosmos)의 드미트리 로고진(Dmitry Rogozin) 국장은 "최종 결정은 가동 시한이 지난 우주정거장 모듈의 기술적 점검 결과와 러시아 자체 정거장 구축 계획에 따라 내려질 것"이라며, "새로운 우주정거장이 작동할 때까지는 러시아가 국제우주정거장에서 철수하지 않을 것"이라고 사이언스 매거진(Science Magazine) 등은 보도했다.

국제우주정거장은 그동안 국제 우주 협력의 상징이었다. 특히, 우주 분야에서 앞서나가고 있던 러시아와 미국이 협력 관계를 유지하고 있다는 측면에서 큰 의미가 있었다. 그러나 러시아는 지금껏 우주 프로젝트들이 모두 미국 중심적이었다며 비판하는 모습을 보였다.

중국의 국제우주정거장

중국 역시도 우주정거장을 개방적으로 운영하겠다고 밝히고 다른 나라 과학자들의 참여를 끌어내기 위한 공모를 진행했다. 하지만 미국은 나사의 과학자들이 중국에 직접적으로 우주 협력을 하지 못하도록 차단했다. 중국은 미국과 대척점에 있는 러시아와 긴밀한 관계를 구축하며 우주정거장을 개발하고 있다.

중국 신화통신에 따르면 우주정거장 건설 계획은 중국의 오랜 꿈으로 출발은 늦었지만, 미국을 앞지를 기회가 왔다고 밝혔다.

중국은 2021년 4월 29일 오전, 우주정거장 핵심 모듈인 '톈허(天和)' 발사에 성공했다. 톈허는 우주에서 궤도를 유지하면서 비행사들이 머물 수 있는 공간을 제공하는 우주정거장 건설의 핵심 모듈이다. 길이 16.6m, 지름 4.2m 크기로 우주 비행사 3명이 함께 생활하

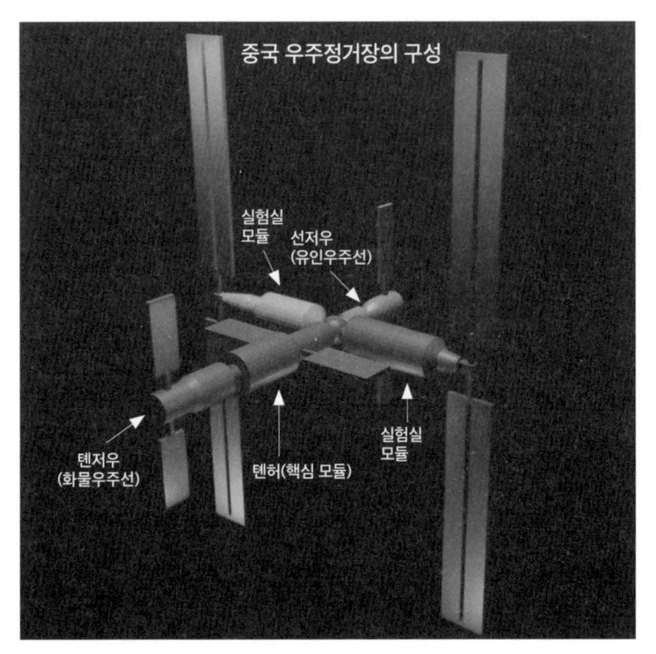

중국이 구축할 우주정거장. T자형 모듈 3개로 구성되어 있다

톈허 모듈의 모습

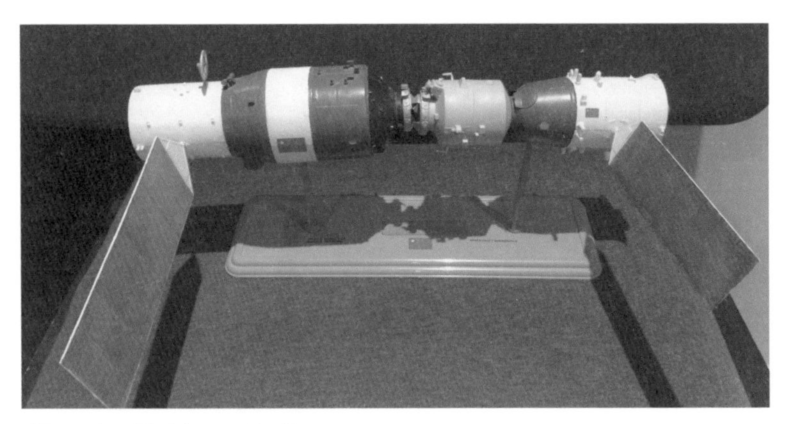

톈궁 2호와 도킹한 선저우 우주선 모형도

며, 6개월간 임무를 수행할 수 있다.

중국의 우주정거장은 톈허 양옆으로 실험 모듈인 원톈(問天)과 멍톈(夢天) 등이 붙어 3개의 주요 모듈로 구성된다. 무게는 약 100톤으로 ISS 4분의 1에 못 미친다. 그 사이에 각각 네 차례씩 화물우주선 톈저우, 유인 우주선 선저우를 우주정거장에 보내 우주정거장 구축과 운영에 필요한 작업을 진행한다.

중국은 앞서 2020년 10월 우주정거장 프로젝트에 참여할 18명의 우주 비행사를 선발했다. 완성된 우주정거장은 T자 모양으로 현재 국제우주정거장과 비교하면 크기는 3분의 1, 무게는 5분의 1 수준이다. 특히, 내년 말 완공 뒤 1~2년 안에 허블 크기의 우주망원경 쉰톈(巡天)을 우주정거장과 같은 궤도에서 몇백km 떨어진 곳에 배

치해 운용할 계획이다. 정비가 필요하면 우주정거장에 도킹시켜 수리하는 등 효율을 기하겠다는 구상이다.

또한, 중국은 이미 러시아, 벨기에, 케냐, 일본, 사우디아라비아를 포함해 17개국과 중국 우주정거장에서 과학 실험을 하기로 합의했다. 우주개발에서 일정 지연이 다반사인 것을 고려하면 중국의 개발 속도는 매우 빠른 편이다. 처음 목표보다 2년 늦은 2022년에 우주정거장이 완성될 예정이고, 우주 비행사의 방문 시기는 2023년으로 잡혀 있다.

2018년부터 2년간 우주 로켓 발사 횟수는 중국이 미국, 러시아를 제치고 전 세계 1위를 차지한 바 있다. 그러나 2020년도에는 스페이스X의 14회 스타링크 발사 영향으로 미국(40회)이 중국(35회)을 다시 추월했다. 또한, 우주 화물 운송 중량은 여전히 미국이 앞서고 있지만, 중국도 꾸준히 대형 발사체 개발에 박차를 가하는 상황이다.

국제우주정거장의 미래

이렇듯 국제 협력을 이어나가던 국제우주정거장의 미래도 불투명해 보인다. 나사는 국제우주정거장을 관광 등 민간 상업 용도로 개방하겠다는 계획도 세웠다. 보잉이나 스페이스X가 개발한 유인 우주선에 민간인을 탑승시킬 경우 왕복 비용은 5,800만 달러(약 660억 원), 국제우주정거장의 숙박료는 1박에 3만 5,000달러(약 3,900만 원)로 예상된다. 나사가 직접 우주선을 제작하지 않고 민간 기업의 서비스를 이용해 우주여행 사업을 시작하는 것이다. 이를 위해 나사는 보잉과 42억 달러, 스페이스X와는 26억 달러 규모의 계약을 맺었다.

미국 역시도 국제우주정거장 운영 기한을 늘리는 것과는 별도로 그 이후를 대비한 민간 우주정거장 건설을 추진하고 있다. 만약 국제우주정거장의 운영이 불가능해지면 폐기하거나 재활용하는 것 중 하나를 선택해야 한다.

국제우주정거장을 폐기한다면 무인 우주선을 국제우주정거장에 도킹해 고도를 점차 낮추다가 대기권을 지나 연소시켜 미국 서부 해역으로 추락시킬 확률이 높다. 재활용하는 방법으로는 여러 모듈로 이루어진 국제우주정거장을 분리해 다른 우주정거장을 만드는 데 사용할 수도 있다.

독일의 항공우주 방위산업체 에어버스 디펜스 앤 스페이스(Airbus Defence and Space)의 안드레아스 햄머 우주개발부장 역시 "국제우주정거장에서 연구할 공간을 확보하면 하드웨어를 지구로 가지고 와 분석할 수 있어 위성 데이터를 분석하는 것보다 정확한 데이터를 얻을 수 있다."며, "예를 들면, 우주 방사선이 하드웨어에 미치는 영향을 직접 분석할 수 있다."고 말했다.

나사는 민간저궤도개발(CLD)이라는 프로그램의 이름으로 우주정거장 건설과 운영을 민간 부분에 넘기고, 화성 같은 심우주 탐사에 더 집중할 계획이다. 이를 위해 나사는 민간 우주정거장의 개발 기준을 제시했다. 요체는 2명의 우주 비행사가 상주하면서 연간 약 200회의 연구를 수행할 수 있어야 한다는 것이다.

나사는 상세한 설계 기준을 제시한 뒤, 2021년 말 최대 4개 업체를 선정해 최대 4억 달러를 지원할 계획이다. 이어 2025년에는 예비 설계 검토까지 마무리한다는 구상이다.

민간 우주정거장 건설을 준비하는 기업으로는 액시엄 스페이스(Axiom Space)와 시에라 스페이스(Sierra Space) 등이 있다. 또한, 블루 오리진도 시에라 스페이스와의 합작을 통해 오비털 리프(Orbital Reef)를 건설한다고 발표했다. 액시엄 스페이스는 2020년 초 1억 4,000만 달러 규모의 계약을 맺어 민간 모듈을 개발 중이다. 2024년 발사될 이 모듈은 국제우주정거장과 연결되어 우주 관광객을 수용하게 되며, 2, 3번째 모듈에 이어 2028년 발사되는 네 번째 모듈이 대형 태양광 패널을 가지고 국제우주정거장과 다른 궤도를 돌며 앞서 발사된 모듈을 통합해 새로운 민간 우주정거장을 구성한다는 계획을 갖고 있다. 이 회사는 나사의 국제우주정거장 프로그램 관리자 출신인 마이클 서프레디니(Michael Suffredini) 등이 2016년에 설립한 회사다.

시에라 네바다 코퍼레이션(Sierra Nevada Corporation)은 7년 안에 팽창식 모듈이 있는 민간 우주정거장을 구축하겠다는 계획을 발표했다. '라이프(LIFE; Large Inflatable Fabric Environment)'라는 이름의 이 팽창식 모듈 정거장에는 수면 공간, 실험실, 우주경작 시설이 들어서며, 크기는 3층 건물 정도라고 밝혔다.

액시엄 스페이스의 민간 우주정거장 내 거주 공간(© 액시엄 스페이스)

팽창식 모듈 정거장의 특징은 한 번의 발사로 구축을 완료한다는 점이다. 이 회사는 2022년부터 우주왕복선 '드림 체이서(Dream Chaser)'로 우주정거장에 7차례의 화물을 운송하기로 나사와 계약을 맺은 상태이다.

블루 오리진은 오비털 리프가 고도 400km를 도는 국제우주정거장보다 더 높은 500km 상공의 궤도를 돌며, 과학적 연구와 산업 및 관광용으로 이용할 계획이라고 밝혔다. 오비털 리프의 실내 공간은 830m³로 국제우주정거장보다는 약간 작으며, 수용 인원은 10명 정도인 것으로 알려졌다.

나사는 기업들과의 협력을 통해 공백 기간 없이 국제우주정거장에서 민간 우주정거장으로 자연스럽게 이행할 수 있기를 기대하고 있다. 필 맥컬리스터(Phil McAlister) 나사 민간우주비행개발담당 이사는 "우리는 하루아침에 불을 끄지는 않을 것"이라며, "시간을 갖고 점차 지구 저궤도 활동을 늘리면서 국제우주정거장 활동은 줄이는 '겹치기' 기간을 갖게 될 것"이라고 말했다.

그러나 우주정거장을 구축하고 운영하는 것은 우주를 왕복하는 것보다 훨씬 복잡한 임무다. 따라서 나사의 희망대로 국제우주정거장이 작동을 멈추기 전에 민간 우주정거장 구축 작업이 순조롭게 이뤄질지는 미지수다. 애리조나주립대의 그렉 오트리(Greg Autry) 교수는 "러시아 같은 소중한 파트너를 잃는 것은 불행한 일이지만, 미국은 독자적으로 국제우주정거장을 유지할 수도 있다."며, "다만 새로운 민간 우주정거장을 전면 사용할 수 있을 때까지는 국제우주정거장의 가치를 계속 유지해야 한다."고 말했다.

다자 민간 우주정거장의 등장은 인류가 우주를 개발하고 탐사하는 데 있어 활동의 중심축이 협력에서 경쟁으로 전환한다는 것을 뜻한다. 또한, 우주 기지 주도권을 둘러싼 주요 국가 간의 치열한 신경전을 예고하는 것이기도 하다. 러시아 우주 비행사 협회의 한 멤버는 사이언스 매거진 인터뷰에서 "국제우주정거장의 가장 큰 성과는 기술이 아니라 국가 간 협력"이라며, "새로운 우주정거장 건설은 전진이 아닌 후퇴"라고 말했다.

앞으로 국제 협력의 상징이었던 국제우주정거장 역시 점차 민간 우주정거장으로 대체될 예정이다. 하지만 국제우주정거장의 건설과 운영에 막대한 예산이 들어간다는 점을 생각하면 민간기업이 이를 주도해서 우주정거장을 운영하기엔 힘이 들 것이라는 주장도 설득력이 있다.

보이저 스테이션

그렇다면 연구나 탐사 목적의 우주정거장이 아닌 우주 관광을 위한 정거장, 즉 우주 호텔을 충분히 구상해 볼 수 있지 않을까? 이 상상을 현실화한 프로젝트가 발표되어 주목을 받고 있다. 미국 캘리포니아에 본사를 둔 우주개발 회사인 오비탈 어셈블리(Orbital Assembly)는 2025년부터 짓기 시작해 2027년에 완공 목표로 한 세계 최초의 우주 호텔, 보이저 스테이션(Voyager Station)을 가동할 계획이라고 밝혔다. 현재는 많은 기술자와 조종사, 건축가들이 간략한 시제품을 만들고 있는 것으로 알려져 있다.

이 프로젝트는 나사의 아폴로 달 탐사 계획을 이끈 베르너 폰 브라운(Wernher von Braun) 박사가 제안한 아이디어에서 시작되었으며, 지구 중력의 6분의 1에 해당하는 달과 비슷한 수준의 인

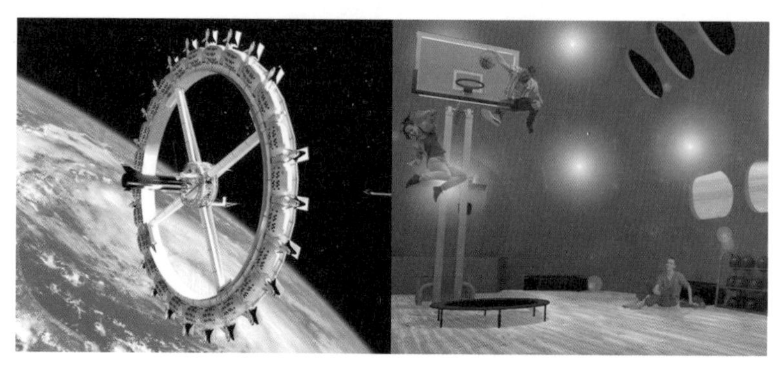

보이저 스테이션 상상도(© Orbital Assembly) 보이저 스테이션 내 운동 시설 상상도(© Orbital Assembly)

공 중력으로 작동하며, 국제우주정거장보다 조금 높은 지구 상공 500~550km의 저궤도에 세워질 예정이다. 보이저 스테이션은 외관을 지름 약 200m의 바퀴 모양으로 디자인해서 우주 공간에서 큰 원을 그리면서 인공 중력을 만들도록 설계할 예정이다.

이 우주 호텔에는 저중력 상황에서도 사용할 수 있는 특별한 화장실과 샤워 시설이 있으며, 지구의 6분의 1에 불과한 중력을 활용해 재미있는 방법으로 걷기와 뛰기를 할 수 있다. 또한, 투숙객들은 이곳에 머물면서 레스토랑, 영화관, 콘서트장, 헬스 시설 등 다양한 편의시설을 사용할 수 있다. 최대 수용 인원은 400명이다.

우주 객실로는 스탠다드, 럭셔리, 럭셔리 스위트의 3단계 총 24개의 통합형 거주 모듈을 만들 예정이며, 각 모듈의 길이는 약 20m에 너비는 12m로 알려져 있다. 일부 모듈은 개인 별장으로 판매하거나, 정부나 과학기관의 연구 시설로 임대해서 화성에 가고자 준비하는 우주 비행사들의 훈련센터로도 활용할 예정이다.

또한, 라운지에서 우주 풍경을 만끽하고 달의 중력과 비슷한 상태로 농구나 암벽등반 등을 즐길 수 있으며, 90분마다 지구를 공전하면서 고요하게 지구 면면을 관찰하는 시간과 정거장 밖으로 나가 우주를 산책하는 시간도 준비되어 있다.

예상 경비는 3박 4일에 약 5,000만 달러(약 560여억 원)로 예상된다. 이 비용은 매우 비싸므로 실효성에 의구심이 들어 바로 재사용할 수 있는 스페이스X의 팰컨 9 로켓을 이용하거나 차세대 유인 우주선 스타십을 이용하면 비용이 획기적으로 절감돼 더 많은 사람이 보이저 스테이션을 이용할 수 있을 것으로 오비탈 어셈블리는 전망했다. 우주를 실제로 경험하는 일이 돈 많은 소수의 사람만이 아닌 보다 많은 사람이 누리는 것이 가능한 시대가 다가오고 있다.

일론 머스크의
우주 탐사에 대한 소식

스페이스X의 일론 머스크가 우주 탐사에 이토록 몰두하는 이유는 무엇일까? 일론 머스크는 스페이스X의 첫 번째 민간인 승객을 소개하는 인터뷰에서 어떻게 우주의 꿈에 도달하게 되었는지를 언급했다.

"스페이스X를 만든 목적은 우주를 여행하는 인간 문명의 출현을 가속화하고, 로켓 기술의 발전을 도와 우리가 다중행성 종이 되어 우주를 여행하는 문명을 만들고자 하는 것입니다. 인간의 화석 기록이나 문명의 역사를 고려해 볼 때, 우리가 현재 알고 있는 문명이나 삶에 종말을 가져온 자연적 혹은 인위적인 사건들이 존재할 수 있다는 것을 명심해야 합니다. 그래서 우리가 지구 행성을 넘어서 삶을 확장하는 다중행성 문명이 되기 위해 노력하는 것이 중요합니다.

또한, 최대한 빠르게 그렇게 하는 것이 중요합니다. 목표를 달성할 기회는 오랫동안 열려 있을 수도 있고, 혹은 짧게만 열려 있을 수도 있습니다. 그렇지만 우리는 그 기회의 시간이 길 것으로 생각해서는 안 됩니다."

그의 꿈은 인류의 꿈이 될 수 있을까? 우리는 매일 슬픈 것을 본다. 앞으로 우리가 살아갈 미래는 희망적이기보다는 때론 우리를 지치고 우울하게 만든다. 너무나 많은 것이 우리의 삶을 공격하기에 때론 모든 것을 멈추고 싶을 것이다. 하지만 여러분이 그리는 미래가 불투명하고 어둡더라도 당신이 인간이라는 것을 기쁘게 생각할 수 있는 날이 언젠가는 찾아올 것이다.

우주를 여행하는 기적 같은 일 역시 고대할 수 있을 것이다. 미래가 흥미진진하리라 생각한다면 아침에 일어나 삶을 사는 것이 조금은 덜 고단할 것이다. 누군가에게 우주여행은 그런 희망으로 움틀 것이다. 일론 머스크는 사람들이 그러한 생각을 할 수 있기를 바란다고 덧붙였다.

스페이스X의 시작이 처음부터 원만했던 것은 아니다. 2008년 처음으로 궤도 진입에 성공하기까지 스페이스X 역시 세 번의 처참한 실패를 경험했다. 만약 네 번째 시도가 없었다면 지금의 스페이스X는 존재하지 않았을 것이다.

일론 머스크는 네 번째 시도가 그들에게 마지막 시도가 될 수 있었다고 고백했다. 그들에게도 네 번째 발사 시도는 감정적으로 굉장히 힘든 발사였다. 다행히 이 시도에서 궤도에 진입했고, 얼마 지나지 않아 나사와 우주정거장에 화물을 보내는 운송 서비스 계약을 맺을 수 있었다. 이 계약은 스페이스X가 성공하는 데 주춧돌이 되었다.

이 경험을 바탕으로 스페이스X는 팰컨 1호 로켓을 발사했던 것에서 크게 발전한 초대형인 팰컨 헤비(Falcon Heavy) 로켓을 발사하기에 이른다. 팰컨 1호에서 진화한 팰컨 헤비 로켓의 전체 길이는 118m로 화성까지 약 100톤 정도를 실어 나를 수 있다. 탱커 발사체를 이용하여 궤도권에서 연료 재급유가 가능해 화성 표면까지 도달할 수 있도록 고안되었다. 팰컨 헤비 로켓은 실제로 행성 간 수송 시스템을 위해 고안되어 가는 길에 추진체 저장소를 설치한다면 지구에서 태양계까지 어떤 행성이든 도달할 수 있다.

팰컨 헤비 로켓은 세계에서 가장 강력한 로켓 중 하나이다. 최대 737명의 승객을 가득 태울 수 있으며, 유해 연료나 짐을 싣고 궤도에 도달할 수 있는 충분한 적재량을 가지고 있다. 재미있는 점은 스페이스X가 이 로켓에 마네킹 '스타맨(Starman)'을 태운 테슬라 로드스터(Tesla Roadster)를 실어 쏘아 올렸다는 점이다. 스타맨이란 이름은 데이비드 보위(David Bowie)의 곡에서 따왔다.

화성으로 향하는 테슬라 로드스터와 스타맨(© 스페이스X)

그들이 자동차 테슬라 로드스터를 화성으로 발사한 이유는 무엇일까? 많은 사람이 스페이스X의 선택을 의아하게 여겼다. 물론 자동차를 화성으로 발사한 이유는 혼란스럽고 이상하게 느껴질 수도 있다. 우주에서 자동차를 운전하는 것을 상상하기는 어려울 것이다. 일론 머스크는 그 이유는 사람들이 우주와 동일시할 수 있는 재미있는 무언가를 보여주고 싶었기 때문이었다고 이야기했다.

대부분은 일반적으로 콘크리트판 같은 것을 발사하지만, 언제나 색다른 것을 시도하는 일론 머스크에게는 그러한 시도가 무척이나 지루하게 느껴졌던 것이었다. 그들은 사람들에게 재미를 주는 한편, 사람들 역시 언젠가 우주에 갈 수 있다고 느낄 수 있도록 마네킹 우주인과 함께 자동차를 넣어서 발사했다. 이뿐만이 아니라 데이비드 보위를 위한 헌사를 틀고 《은하수를 여행하는 히치하이커를 위한 안내서(The Hitchhiker's Guide to the Galaxy)》도 함께 실어서 발사했다. 수납공간에는 SF 고전 소설로 유명한 아이작 아시모프(Isaac Asimov)의 《파운데이션(Foundation)》 시리즈도 함께 넣었다. 이 소설 역시 스페이스X에 영감을 준 주요한 작품이다.

일론 머스크는 심지어 테슬라(Tesla)를 화성에서 운전하는 것도 가능하다고 이야기했다. 전기차는 산소가 필요 없으므로 화성에서 전기차를 운전하는 것도 큰 문제는 없을 것이다. 화성 한복판을 운전하는 인류의 모습이 상상이 가는가?

'우주에 잠들다' 우주 장례식

앞에 설명했듯이, 이미 우주선에 사람에 이어 많은 의미 있는 물건들이 실려서 우주로 속속 떠나고 있다. 그렇다면 고인(古人)을 기리는 의미에서 우주로 유해를 보내 장례식을 진행할 수도 있지 않을까? 이 발칙한 상상을 실현시킨 괴짜 사업가가 있다.

나사 엔지니어 출신인 토마스 시빗이 설립한 '엘리시움 스페이스(Elysium Space)'는 죽은 이의 유해를 우주 공간으로 보내는, 이른바 '우주 장례식'을 선보였다. 이 우주 장례식은 어떻게 진행되는 것일까?

특별한 화물을 실은 로켓이 거대한 화염과 함께 특별한 여정을 시작했다. 이 로켓 안에는 가로, 세로, 높이가 각 10cm밖에 되지 않는 초소형 위성이 있었다. 이 위성 안에 일본인 30명 등 150명의 유해가 1cm가량의 사각형 캡슐에 각각 밀봉되었다.

이 위성은 지상 550km 높이의 극궤도에 안착해 지구 궤도를 약 4년간 돌다가 대기권으로 진입해 불타 없어질 예정이다. 이른바 우주 공간에 머물다 소멸하는 '우주장'이다.

팔순의 간바라 겐지는 태평양 건너에서 엄수된 딸의 우주장을 인터넷을 통해 지켜봤다. 12년 전 병사한 30대 딸의 유언으로 우주장이 진행되었다. 〈은하철도 999〉로 잘 알려진 만화가 마츠모토 레이지(松本零士)는 고인이 아님에도 우주에 대한 강한 동경으로 손톱 일부를 캡슐에 담아 우주로 보냈다.

비용은 유해 1구에 3백만 원 정도로 알려졌으며, 회사 측은 앞으로도 희망자가 일정 숫자에 이르면 또 우주장을 실시할 계획이라고 밝혔다.

예전에도 비슷한 사례는 있었다. 서내 애드빌룬을 이용해 지구 상공 24km 성층권에서 유골을 뿌리는 특별한 장례식이 열리기도 했고, 1998년에는 천문학자 유진 슈메이커(Eugene Shoemaker)의 유골이 달에 도착하기도 했으며, 명왕성을 발견한 클라이드 톰보(Clyde Tombaugh)의 유골은 명왕성 탐사선 뉴 호라이즌스(New Horizons) 호에 실려 발사되었다. 2015년 7월 14일에 명왕성의 최근접점에 도착하였다고 한다.

엘리시움 스페이스 홈페이지의 첫 화면(© Elysium Space)

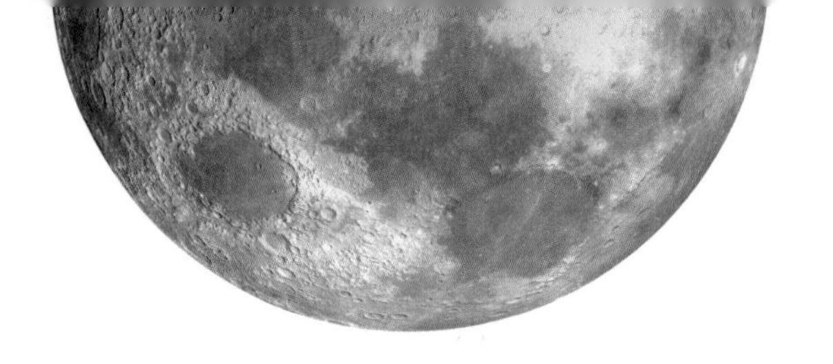

달로 떠나자,
디어 문 프로젝트

1969년 아폴로 8호가 달 궤도 진입한 지 약 50년이 되었다. 이제는 우주 여행사뿐만 아니라 일반인도 달에 갈 시대가 되었다. 스페이스X는 세계 최초로 민간 달 탐사선을 발사할 예정이다.

그렇다면 스타십의 첫 고객으로 달에 도착할 사람은 누구일지 궁금할 것이다. 그 첫 주인공은 일본의 억만장자 사업가 마에사와 유사쿠이다. 어렸을 때부터 달을 동경해오던 그는 미술품과 와인, 그리고 달을 주요 취미로 꼽을 정도로 우주를 사랑했다.

그런 그가 2023년, 드디어 자신의 꿈을 실현할 수 있게 되었다. 그는 스타십 좌석 하나가 아닌 스타십의 전체 좌석을 구입했다. 많은 이들이 그가 왜 이렇게 많은 좌석을 구매했는지 궁금해했다.

마에자와 유사쿠

일론 머스크는 마에자와 유사쿠를 가리켜 최고의 모험가라고 이야기했다. "사실 그가 우리를 선택한 건 영광입니다. 우리가 그를 선택한 것이 아니라요." 일론 머스크는 달을 보기 위해 앞으로 나아가는 그를 가리켜 최고의 모험가이자 가장 용감한 사람이라고 칭했다.

사실 달에 가는 일은 공원을 산책하는 것과는 다를 것이다. 많은 훈련이 필요하고, 위험을 감수해야만 한다. 새로운 기술을 바탕으로 첫 비행을 해야만 하고, 머나먼 우주 공간으로 가야 한다. 이런 도전을 하기 위해서는 굉장한 용기가 필요하다.

마에자와 유사쿠는 오랫동안 달에 가는 첫 번째 승객이 되는 것에 대해 진지하게 고민해왔다. 그는 자신이 달에서 지구로 귀환했을 때 어떻게 하면 지구 평화에 이바지할 수 있는지 골똘히 생각했다고 한다. 그의 달에 대한 사랑은 놀라웠다.

"어렸을 때부터 저는 달을 바라보는 것을 좋아했습니다. 달은 저의 상상력을 채워주었습니다. 달은 언제나 그 자리에 있었고, 언제나 인류에게 계속해서 영감을 주었습니다. 저는 달을 가까이서 보는 기회를 놓칠 수 없다고 생각했습니다. 그리고 동시에 그런 환상적인 경험을 혼자 하고 싶지 않았습니다. 그렇게 한다면 약간 외로울 테니까요. 그래서 이 멋진 경험을 최대한 많은 사람과 공유하고 싶습니다."

정말 사랑하는 일은 모두와 함께 나누고 싶은 법이다. 마에자와 유사쿠 역시 달을 좋아하는 마음을 함께 나누며, 그 기쁨을 사람들과 공유하고 싶었다. 또한, 그는 진심으로 예술이 세계 평화를 촉진하는 힘이 있다고 믿었다. 그는 달에 예술가들과 함께 가기로 결심했다. 그는 달로 떠나는 여행에 전 세계의 예술가를 초대해야겠다고 생각했다.

마에자와 유사쿠가 처음으로 떠올린 예술가는 뉴욕 출신 미술가인 장 미셸 바스키아(Jean-Michel Basquiat)였다. 하지만 그는 이미 세상을 떠나고 없었다. 그의 그림 '무제(Untitled, 1982)'는 경매에서 1,200억 원에 팔릴 정도로 많은 사랑을 받았다.

장 미셸 바스키아의 초상화　　장 미셸 바스키아의 '무제'

유사쿠는 '바스키아가 우주에 가서 달을 가까이서 본다면, 혹은 지구 전체를 한눈에 본다면 어떨까?'라고 상상했다. 그 생각은 곧 '피카소가 달에 간다면 어떨까? 혹은 앤디 워홀, 마이클 잭슨, 존 레넌, 코코 샤넬이 간다면?'이라는 생각으로 이어졌다.

결국, 그는 자신이 동경하는 예술가들이 더 이상 살아 있지 않다는 사실을 떠올림과 동시에 지금 현존하는 예술가들과 함께 다음 세대 인류를 위한 멋진 작품을 만들겠다고 결심했다. 달까지의 거리는 24만 마일이다. 탑승객들은 우주에서 일주일을 보낼 것이다. 예술가의 눈으로 보는 달과 지구 그리고 우주는 어떠한 모습일까?

그들이 만들어나갈 작품 세계는 얼마나 아름다울까? 그들의 예술품은 분명히 인류의 유산이 될 것이다. 경외심을 자아내는 전 세계적 예술 프로젝트가 곧 시작될 것이다. 마에자와 유사쿠는 이 프로젝트의 이름을 '디어 문 프로젝트(Dear Moon Project)'라 지었다.

인류는 언제나 달로부터 영감을 받아왔다. 베토벤의 3대 소나타로도 알려진 〈달빛 소나타(Moonlight Sonata)〉도 그렇고, 반 고흐의 미술 작품 〈별이 빛나는 밤〉은 휘황찬란하게 반짝이는 밤하늘을 아름답게 형상화했다. 또한, 전설적인 그룹 비틀즈의 〈미스터 문라이트(Mr. Moonlight)〉 역시 달을 노래했다.

전 세계에 셀 수 없을 만큼 많은 작품이 달의 영향을 받았다. 달은 여러 세대에 걸쳐 우리의 상상력을 채워주었다. 달은 우리 지구의 가장 가까운 친구이자, 사랑과 경의의 대상으로 우리 곁에 있었다.

마에자와 유사쿠와 함께 갈 예술가는 아직 정해지지 않았다. 하지만 그는 화가, 조각가, 사진가, 음악가, 영화감독, 패션 디자이너, 건축가 등 다양한 영역에서 지구를 대표하는 최고의 예술가들과 함께 달로 떠나고 싶다고 밝혔다.

2023년, 마에자와 유사쿠와 함께 달로 떠날 이는 누구일까? 그들은 무엇을 보고, 무엇을 느끼게 될까? 그리고 과연 그들은 이 이벤트를 통해 어떤 작품을 만들어낼까? 인류에게 전해질 신비로운 작품을 기대해봐도 좋을 것이다.

현재까지 나사를 통해 1968년부터 1972년까지 총 24명의 우주인이 달에 도달하는 데 성공했고, 그중 절반인 12명은 달 표면에 발을 디뎠다. 만약 디어 문 프로젝트가 성공한다면 거의 반세기 만에 달에 다시 방문하는 쾌거를 올리는 셈이다.

이들의 임무는 달 주변을 순회하는 것이다. 정확한 임무는 정해지지 않았지만, 달의 표면을 훑어보고, 아주 가까이 갔다가 다시 돌아오는 과정이 꽤 흥미로울 것이라 기대된다.

일론 머스크는 우주산업에 뛰어들면서 "스페이스X의 목표는 사람들이 다른 행성에 살 수 있도록 우주 기술을 혁신하는 것"이라고 공언했다. 일론 머스크는 본인의 트위터에 '우리가 필요한 데이터는 모두 모았다.'며 스페이스X 팀을 축하하는 글을 남기기도 했다.

그는 인류가 2025년까지 화성에 착륙할 수 있음을 확신하고 있다. 그는 사람들을 화성으로 데려가 식민지로 만들 것이며, 개인이 화성으로 가기 위해서는 50만 달러의 비용이 들 것이라고 당당히 밝히기도 했다.

또한, 일론 머스크는 인류를 다행성 종족화하자는 이유를 여러 차례 이야기했다. 지구에 문제가 생겼을 경우 화성에 기지를 건설하여 인류가 존속할 수 있도록 대비하고자 한 것이라고 했다. 즉, 자연재해 혹은 인재가 일어났을 때 인류를 구조하기 위해서라고 했다. 스페이스X는 이 로켓으로 훗날 화성에 식민시를 건실할 계획이다.

우주여행의 꿈을 이룬 윌리 펑크

제프 베이조스와 블루 오리진이 인류 역사상 첫 민간 상업 우주여행이라는 쾌거를 이룬 그 날, 제프 베이조스보다도 더 오래된 우주여행의 꿈을 이룬 사람이 있었다. 바로 '최고령 우주인'이 된 윌리 펑크이다. 그녀는 1961년에 나사의 우주 비행사 시험을 남녀 통틀어 1위로 통과하고도 '여성'이라는 이유로 실제로 우주비행단엔 합류하지 못했다. 60년 만에 우주여행의 꿈을 이루게 된 셈이다.

제프 베이조스는 블루 오리진 프로젝트에 몰두하는 이유를 이야기하며, 그가 그리는 미래의 목표를 밝혔다.

"우리 자녀들, 그리고 그들의 자녀들이 미래를 건설할 수 있도록 우리는 우주로 가는 길을 건설할 것입니다. 우리는 그렇게 할 필요가 있습니다. 이 지구상의 문제를 해결하기 위해 그렇게 해야 합

우주여행을 마치고 나온 월리 펑크　　　　　월리 펑크의 젊은 시절의 모습

니다. 지구를 탈출하기 위해서가 아닙니다. 지구를 탈출하길 원하는 사람들에 관한 기사를 읽을 때마다, "그게 아니에요."라고 말하고 싶어요. 요점은 지구가 태양계에서 유일하게 좋은 행성이라는 것입니다. 우리 세대가 우주로 가는 길을 닦고 관련 인프라를 구축하면 수천 명의 미래 기업가들이 진정한 우주산업을 구축할 것입니다. 저는 그들에게 영감을 주고 싶습니다."

펑크는 우주여행에 있어 나이와 성별은 문제없음을 전 세계에 각인시켰다.

인스퍼레이션 4 프로젝트의 헤일리 아르세노

앞에서 제프 베이조스가 카르만 라인을 넘어 107km 상공까지 다녀오는 최초의 민간 상업 우주여행을 무사히 마쳤다고 언급했다. 하지만 이것을 보고 가만히 있을 일론 머스크가 아니다. 일론 머스크의 스페이스X는 승무원을 전부 민간인으로 구성한 인스퍼레이션 4 프로젝트(Inspiration 4 Project)를 성공시켰다. 4명의 민간인이 크루 드래곤을 타고 8일간 국제우주정거장에 다녀오는 계획이었다. 이들은 국제우주정거장이 있는 궤도보다 약 120km 높은 540km 상공의 궤도를 사흘간 비행했다.

결국, 블루 오리진보다 더 높은 고도에서 오래 머물렀다는 점에서 스페이스X가 블루 오리진에 일단 판정승을 거두었다.

이 프로젝트는 디지털 결제 기업 시프트 4 페이먼츠(Shift 4 Pay-

헤일리 아르세노

ments)의 최고 경영자이자 비행 훈련을 받은 억만장자 재러드 아이작먼(Jared Isaacman)이 네 개의 좌석을 통째로 구입한 후 팀을 꾸려 화제가 되었다.

4명의 민간인 승무원 중엔 화제가 된 인물이 있다. 바로 소아암 환자를 돌보고 있는 간호사 헤일리 아르세노(29)였다. 그녀는 어린 시절 골수암 진단을 받고 '우주 비행'의 꿈을 포기했다. 극한의 환경을 견뎌야 하는 우주 비행은 그간 신체 결함이 없는 이들의 전유물이었다. 그녀는 의족을 지닌 채 우주로 가는 최초의 인류라는 기록을 세웠다. 골수암 투병 당시 티타늄 소재의 인공보철물을 무릎에 심었기 때문이다.

크루 드래곤 안에서 우주와 지구를 관찰하는 헤일리 아르세노

아이잭먼은 지구에서의 삶으로 희망의 메시지를 줄 수 있는 사람을 승무원에 포함하고 싶었다며 그녀를 선발한 이유를 설명했다. 아르세노는 새로운 시대의 우주 비행이 의미하는 바가 무엇인지, 누가 우주 비행사가 될 수 있는지에 대해 만나는 모든 사람과 이 경험을 나누고 싶다고 밝혔다. "제가 신체적으로 완벽하지 못한 모든 사람을 대표할 수 있게 되어 기뻐요."

월리 펑크와 헤일리 아르세노의 참여는 앞으로 우주여행이 나아갈 방향성을 제시했다는 점에서 큰 의의가 있다고 볼 수 있다.

민간이 주도하는 우주산업의 미래

사실 일론 머스크와 제프 베이조스의 우주에 대한 비전은 완전히 다르지는 않다. 살짝 다른 방향으로 나아가고는 있지만, 둘 다 지구 너머로까지 인류의 존재가 크게 확장되는 미래를 꿈꾸고 있다. 달이건, 화성이건, 그 너머의 다른 행성이건 더 많은 사람이 일상적으로 우주에서 거주하며 일하는, 인류가 지구 너머로 나아가는 미래를 꿈꾼다. 둘다 태양계의 모든 자원에 접근하여 훨씬 부유하고 거대한 지구의 인류 문명을 만들고자 노력하고 있다.

현재로서는 일론 머스크의 스페이스X가 한발 앞서나가고 있다. 스페이스X는 정기적으로 위성을 발사하고 있으며, 우주정거장에 우주 비행사를 보내고 있고, 최근엔 나사에서 유인 달 착륙선으로 스페이스X 스타십이 단독으로 선정되기도 했다.

하지만 두 억만장자의 경쟁은 이제 시작에 불과하다. 마지막 블루오션 우주를 놓고 벌이는 피할 수 없는 경쟁은 어쨌든 인류를 생각보다는 더 빨리 우주로 이끌 것이다.

하지만 '민간 최초 우주여행'의 기록은 영국의 억만장자 리처드 브랜슨(Richard Branson) 버진(Virgin) 그룹 회장이 가져갔다. 그는 2020년 7월 11일, 자신이 설립한 우주여행 기업인 버진 갤럭틱(Virgin Galactic)의 우주 비행선 'VSS 유니티(Unity)'로 고도 86km까지 올라간 뒤 1시간 만에 복귀했다. 그는 약 4분간 중력이 거의 없는 미세 중력 상태를 체험했다.

리처드 브랜슨은 2004년 처음 우주개발을 시작해 17년 만에 일반인을 대상으로 한 우주 비행에 성공했다. 그는 2021년부터 본격적으로 시작될 민간 우주 비행 사업에 앞서, 직접 비행을 경험하고자 시험 우주 비행에 합류했다고 밝혔다. 그리고 2022년부터 정기적인 상업 우주 관광을 시작하겠다고 밝혔다.

다만, 리처드 브랜슨의 경우 우주여행을 하는 가장 큰 동기는 바로 스릴 그 자체라고 말했다. 그는 평생에 걸쳐 열기구며 비행기 등 각종 모험을 즐겼다. 우주는 그에게 새로운 스릴을 경험할 모험의 장이었다. 그는 '더 높이, 더 빨리'라는 모험의 열망을 달성하고자 하며, 또 동시에 회사가 돈을 벌 수 있는 방식으로 자신의 모험

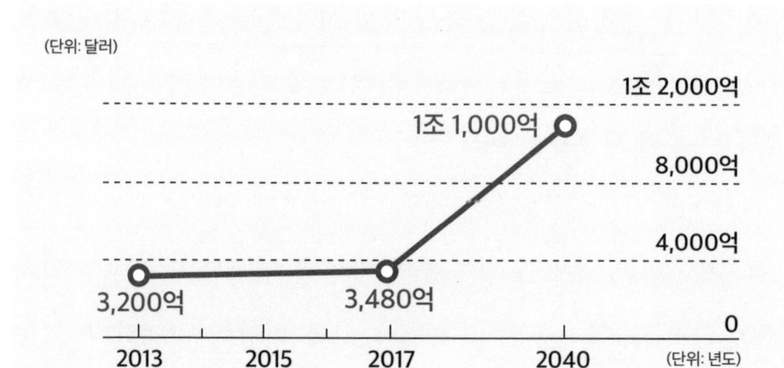

세계 우주산업의 규모(© 항공우주연구원·모건스탠리)

욕구를 채우려 하고 있다.

마치 공상과학 영화에서나 볼 법했던 일이 놀랍게도 하나둘 실현되고 있다. 일론 머스크와 제프 베이조스를 필두로 우주 관련 프로젝트에 어마어마한 자본이 모이고 있다.

또한, 미국의 억만장자 중 25명 이상이 신세대 항공우주 산업에 대규모로 투자하고 있다. 글로벌 투자 은행인 모건 스탠리(Morgan Stanley)에서는 2020년 3,500억 달러 수준이었던 우주산업의 시장 규모를 오는 2040년엔 무려 1조 1,000억 달러까지 예상하고 있다. 이제는 국내외 대기업과 정부까지 나서 서둘러 우주산업에 뛰어들 채비를 하고 있다.

머지않은 미래에 여러분 역시 우주선에 몸을 싣고 우주여행의 탑승자가 되어있을지도 모른다. 그렇다면 우리도 정말로 우주 관광을 떠날 수 있을까?

블루 오리진이 1억 달러(약 1,100억 원)에 달하는 우주행 티켓을 판매하며, 민간인 우주 관광 시대가 본격화되었다는 평가가 나오고 있다. 블루 오리진은 개당 티켓의 가격을 공개하지는 않았지만, 제프 베이조스와의 우주여행 경매에서 낙찰된 티켓 가격이 2,800만 달러(약 320억 원)라는 점으로 미루어 보아, 버진 갤럭틱이 향후 우주여행 티켓 가격으로 매긴 최대 50만 달러(약 5억 7천만 원)보다도 수십 배 높을 것으로 예상되고 있다.

블루 오리진이 제시한 뉴 셰퍼드에 탑승하기 위한 우주 관광객의 조건은 다음과 같다.

- 탑승객의 나이는 18세 이상
- 키는 152~195cm
- 몸무게는 49.8~101.1kg
- 1분 30초 이내에 7개 층을 오를 수 있어야 하고, 15초 이내에 좌석 안전벨트 잠금을 풀거나 다시 착용할 수 있을 정도로 민첩해야 함
- 폐쇄된 캡슐 안에서 1시간 30분을 견딜 수 있어야 함

생각보다 조건이 까다롭지 않아서 충분히 도전해볼 것같이 느껴지기도 한다. 이쯤 되면 우주를 주겠다고 사랑 고백하던 어느 가수의 노랫말이 비유가 아닌 현실이 될 날도 머지않을지도 모르겠다.

세간에선 10분짜리 자이로드롭 티켓을 수억 원에 들여 구매하는, 부유한 사람들의 돈놀이에 불과하다고 비난하는 목소리도 있다. 단지 새로운 '희귀템' 여행지가 생긴 것에 불과하다는 비아냥도 있다. 하지만 우리는 그간 '왜?'라는 질문을 통해 수많은 진리와 자유를 깨달았다. 그렇지 않다면 여전히 우리가 사는 이 땅에 대해 모르는 것이 더 많았을 것이다. 인류의 상상력이 바꾼 수많은 혁신을 생각하면 우주에서의 경험이 인류 역사에 어떤 변화를 가져올지는 아무도 모를 일이다.

지구와 우주의 경계

카르만 라인은 테어도어 폰 카르만(Theodore von Karman)이라는 과학자의 이름에서 유래했다. 그가 지구와 우주를 가르는 기준은 바로 양력(揚力)이었다. 양력은 고체와 유체 사이에 움직임이 있을 때 그 움직임에 수직한 방향으로 발생하는 힘으로, 비행기나 새의 날개에 작용하여 하늘을 날 수 있게 하는 힘이다.

양력은 지구의 대기를 필요로 하므로 이런 양력의 도움 없이 물체의 관성만으로 비행할 수 있다면 그것을 진정한 우주의 시작으로 봐도 무방하다는 게 카르만의 생각이었다. 지구의 중력이 더 이상 대기를 붙잡을 수 없는 영역인 셈이다.

리처드 브랜슨의 우주여행 고도는 최고 88.5km였다. 블루 오리진의 제프 베이조스는 100km 이상의 상공을 날았다. 스페이스X의

우주에서 바라본 일출과 지구 대기권

우주 여행객들도 400km 상공까지 도전해 성공했다. 그렇다면 과연 우주는 지상으로부터 몇 km부터를 뜻할까?

세계적으로는 100km 상공의 카르만 라인 이상을 우주와의 경계로 인정하고 있다. 국제항공연맹(FAI)에서도 카르만 라인을 우주의 경계로 삼고 있다. 하지만 미국 정부와 나사는 80km 상공 이상을 우주와의 경계로 보고 있다. 그러니 리처드 브랜슨 회장의 경우, 미국 기준으론 우주여행에 성공했지만, 세계적인 기준으로 따졌을 땐 우주에 조금 못 미치는 높이까지 다녀온 셈이 된다.

최근에는 카르만 라인을 80km로 바꾸어야 한다는 주장이 설득력을 얻고 있다. 인공위성이 궤도를 유지하는 최소 고도가

70~90km이기도 하고, 우주 방사선의 영향이 미치는 공간 역시 딱 그 구간에 가깝다. 그래서 나사에서는 고도 80km 이상 올라간 사람을 우주 비행사로 인정한다. 우주의 경계선이 80km인지 100km인지 아직 국제적으로 합의된 것은 아니지만, 분명한 것은 대기권을 벗어나야 우주여행이라고 부르는 데에는 큰 이견이 없다.

로봇과 함께하는 우주 탐사

과연 사람과 같은 로봇이 탄생할 수 있을까? 사람을 닮은, 사람을 위해 존재하는 휴머노이드 로봇 말이다. UCLA 기계항공우주공학 교수 데니스 홍(Dennis Hong)은 최근에 우주 탐사용 로봇인 '실비아'를 연구하고 있다. 그는 언젠가 자신이 만든 로봇과 함께 지구를 벗어나 우주를 여행하는 날을 고대하고 있다.

실제로 많은 로봇이 우주 공간에 등장할 채비를 하고 있다. 나사는 지형이 험난한 화성 탐사에 로봇 개 '스폿(Spot)'을 투입하는 것을 고려하고 있다. 유럽우주국도 네 발로 걷는 탐사 로봇 '스페이스복(SpaceBok)'을 실험하고 있다. 이는 바퀴형 탐사 로버의 한계를 넘어서는 획기적인 진전이 될 것이다. 로봇과 함께 우주로 가고 싶은 데니스 홍 박사의 바람은 그저 농담은 아닐 것이다.

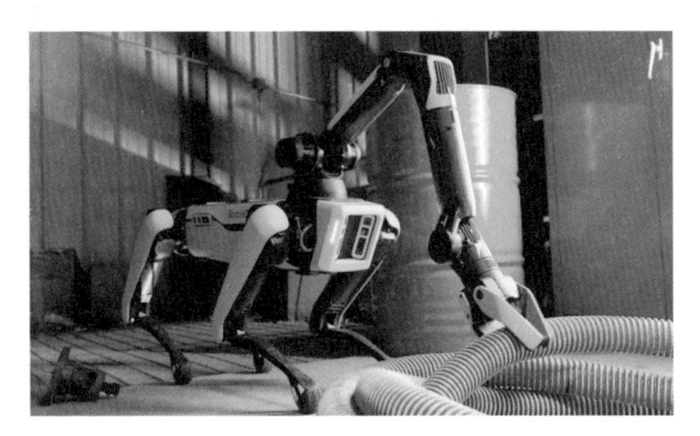

스폿(© Boston Dynamics)

스페이스복(© ETH Zurich)

반세기 만에 다시 시작된 달 탐사

밤하늘에서 누구나 볼 수 있는 달. 그래서 달은 인간과 가장 친숙한 천체이다. 그런데 반세기 만에 달 탐사의 시대가 다시 열리고 있다.

달로 떠나는 우주선을 상상해보자. 달 탐사를 위한 오리온 우주선이 우주 비행사들을 태우고 달로 향하고 있다. 착륙 지점은 달의 남극, 영구음영 크레이터이다. 얼음이나 물이 존재할 가능성이 가장 큰 것으로 추정되는 위치이다. 그래서 과학자들은 미래의 달 거주 최적 후보지로 달의 남극을 꼽는다. 그리고 달 앞면의 중위도 지역에서는 하루 내내 지구를 볼 수 있다.

그동안 유인 달 착륙선 개발업체 선정을 놓고 경쟁이 무척 치열

했는데, 결국 누가 선정됐을까? 바로 일론 머스크의 스페이스X이다. 경쟁업체였던 블루 오리진의 제프 베이조스가 이에 화가 나서 나사에 항의했다는 후문도 있다.

1969년 아폴로 11호의 닐 암스트롱(Neil Armstrong)과 버즈 올드린(Buzz Aldrin)이 인류 최초로 달 표면에 발자국을 남긴 지 50년이 흐른 지금, 달 탐사는 국가와 민간의 영역을 가릴 것 없이 항공우주 개척의 제1 목표가 되었다. 미국은 1972년 아폴로 17호의 진 커넌 선장 이후 달에 우주 비행사를 보내지 않았고, 구소련도 1976년 루나 24호를 끝으로 달로 가는 발걸음이 끊겼다. 냉전 시대에는 달 탐사가 국력을 과시하기 위한 경쟁의 상징이었다면, 최근에는 화성 등 심우주 탐사를 위한 중간기지 역할이자, 우주 기술의 빠른 발전을 견인하는 계기가 되고 있다.

달에서 본 지구

항공우주 매체에 따르면 2023년 이후 미국, 중국, 인도, 일본 등의 달 탐사선 발사 경쟁이 본격화될 전망이다. 미국은 2024년 인류를 달에 보낼 핵심시설인 국제우주정거장 구축을 진행 중이며, 중국은 앞서 2019년에 이미 세계 최초로 달 뒷면에 착륙하는 데 성공했다.

또한, 1966년 미국보다 앞서 무인 달 탐사선 착륙에 성공했던 러시아는 2031년까지 달에 유인 우주선을 착륙시킬 예정이며, 유럽은 문 빌리지(Moon Village)라는 달 기지를 2040년까지 완공할 계획이다.

이뿐만 아니라 세계 우주 강국들은 우주 탐사 분야에서 우위를 확보하고 국가 경쟁력 강화 차원에서 화성 등 태양계 행성과 소행성 탐사까지 나서고 있다.

대한민국의
달 탐사 계획

우리나라도 2016년부터 자력으로 달을 탐사하는 계획을 추진하고 있다. 달 탐사를 통해 우리나라의 우주 기술을 한 단계 발전시키고, 국가 브랜드 가치와 국민의 자긍심을 높이겠다는 기대가 깔려있다.

한국항공우주연구원(KARI)이 주관하는 대한민국의 달 탐사 계획은 두 단계로 나눌 수 있다. 1단계는 시험용 대한민국 달 궤도선(KPLO)을 발사하는 것이다. 스페이스X의 팰컨 9 로켓을 이용해 달 궤도로 발사한 뒤, 그다음 해에 이를 달 궤도에 진입시키는 것을 목표로 하고 있다. 2단계는 한국형 달 탐사선을 직접 달 표면에 착륙시켜 달 탐사를 진행하는 것이다. 2030년에 나로우주센터에서의 발사를 목표로 하고 있다.

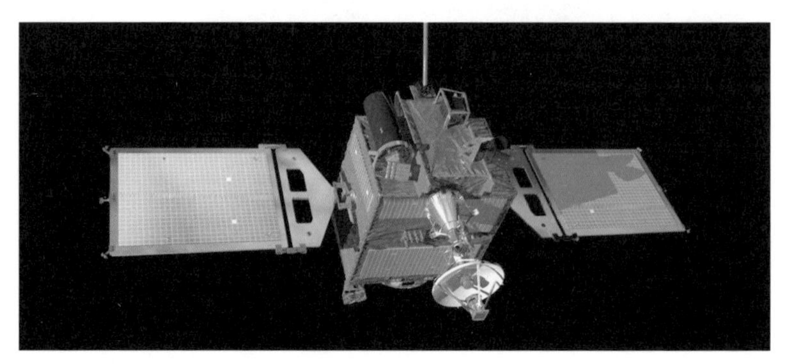

대한민국 달 궤도선의 상상도(© 항공우주연합)

대한민국 달 궤도선은 2022년 8월 지구를 떠나 2022년 12월에 궤도에 도착하여 2023년 1월부터 본격적인 임무를 수행하게 된다. 1년간 달 지표 100km 상공에서 달 표면을 촬영하고, 자기장 측정 등의 과학 임무를 수행할 예정이다.

아르테미스 프로젝트

아르테미스 프로젝트(Artemis Project)는 1972년 아폴로 17호의 마지막 달 착륙 이후 반세기 만에 인류를 다시 달에 보내는 계획이다. 나사는 2024년까지 최초의 여성 우주인을 달에 보내고, 2028년까지는 달에 지속 가능한 유인기지를 건설하려는 원대한 목표를 품고 있다.

40조 달러에 달하는 예산과 3,800개 이상의 기업이 참여하는 아르테미스 프로젝트는 인류 역사상 가장 큰 규모의 민관합동 우주 탐사 계획이다. 미국의 주도하에 호주, 캐나다, 일본, 이탈리아, 영국 등 9개 나라가 연합해서 추진하고 있다.

이는 아르테미스 계획이 아폴로 계획과 가장 큰 차이를 보이는 부분이기도 한데, 현재 스페이스X와 블루 오리진, 로켓랩(Rocket Lab)

등이 민간기업 발사체로서 아르테미스 계획에 투입된 상황이다. 2021년 5월 21일에 열린 한미 정상회담에서 대한민국의 참여도 확정되었다. 50년 만에 인류를 다시 한번 달로 보내는 국제 프로젝트에 한국의 참여가 결정된 것은 우주개발 역사에 한 획을 그을 만한 성과이기도 하다.

나사는 아르테미스 프로젝트를 통해 달 탐사에만 국한하지 않고, 우주개발과 우주 활용을 위한 혁신적인 신기술과 시스템을 개발하고, 달 탐사를 발판으로 화성을 포함한 심우주 탐사로 도약하겠다는 목표를 내세우고 있다.

나사의 목표는 2028년까지 달에 영구적인 유인기지를 건설하는 것이다. 그래서 민간기업들과 함께 달에 4G LTE 통신망을 구축하고, 3D 프린팅 기술을 이용한 기지를 건설하는 것도 준비하고 있다. 엄청난 자본과 기술이 투입되는 대규모 프로젝트이다.

2020년 12월 나사는 아르테미스 프로젝트를 위한 18명의 우주인 후보를 발표했다. 이중 화제를 모은 건 한국계 미국인 '조니 김(Jonny Kim)'이다. 네이비 실(Navy Seal) 대원, 해군 대위, 의사 등 다양한 직업을 거쳐 우주에 도전한 그의 사연이 전해졌기 때문이다.

한인 이민 2세인 그의 어린 시절은 불우했다. 하지만 그는 은성

아르테미스 프로젝트의 우주인 후보 조니 김

아르테미스 프로젝트의 우주인 후보 크리스티나 코크 (Christina Koch)

훈장을 받은 전쟁영웅이자 하버드 의대를 졸업한 의사로 성장했다. 조니 김은 '미래의 탐험가들이 달에 와서 더 많은 연구를 하도록 자원을 수집하고 더 멀리 발사하고 탐사할 수 있도록 토대를 마련하고 싶다.'고 아르테미스 프로젝트에 도전하는 포부를 밝혔다.

또한, 아르테미스 프로젝트의 우주인 후보는 여성이 18명 중 절반인 9명을 차지했다. 이는 백인 남성 중심의 우주 비행사가 아닌 여성과 유색인종까지 범위를 넓혀서 일부가 아닌 모두가 나라를 대표해 우주 비행사로 참여한다는 상징이라 볼 수 있다.

아르테미스 프로젝트에 참여하는 우주 비행사 선발에 지원한 사람은 모두 18,000여 명이다. 조니 김은 1,600대 1의 경쟁률을 뚫고 당당히 아르테미스 프로젝트 최종 우주인 후보에 들어갔다.

하지만 아직 끝이 아니다. 나사는 혹독한 검증 과정을 통해 18명 중 4명을 최종 선발해 우주선에 탑승시키겠다고 밝혔기 때문이다. 그리고 4인 중 단 두 명만이 달 표면에 실제로 착륙하는 영광을 얻을 것이다. 만일 조니 심이 최종 4인에 선발된다면 그는 한국계 최초로 달에 발을 딛는 사람이 될 것이다.

달 탐사의 무궁무진한 가치

우주는 오랫동안 패권국의 독무대였다. 달은 특히 이념과 정치, 경제 체제가 경쟁하는 공간이었다. 구소련이 1957년에 스푸트니크호를 발사한 이후 미국이 어마어마한 자본을 투입해 달 정복에 나선 것이 대표적인 사례이다. 냉전의 해체로 우주 경쟁은 시들해졌지만, 새로운 탐사와 기술 발전으로 경제 논리가 개진되며 상황은 달라졌다.

달이 전 세계를 유인하게 된 배경은 우주 탐험을 위한 기지 건설과 헬륨3 등 자원 확보, 과학적 탐구 욕구 때문이다. 또한, 달 표면에서 발견된 약 230개의 용암 동굴은 안전한 거주지역으로도 거론되고 있다.

달 탐사 상상도

하지만 가장 중요한 건 경제적 가치이다. 달에는 희토류 등 전략 자원과 함께 헬륨3가 풍부하다. 지구에는 거의 없는 헬륨3는 화석 연료와 기존 원자력까지 대체할 꿈의 에너지로 꼽힌다. 헬륨3를 핵융합 발전에 사용하면 엄청난 양의 전기 에너지를 생산할 수 있다.

달에서 확인된 110만 t의 헬륨3를 채굴해 지구로 가져온다면, 인류는 수 세기 동안 사용할 깨끗한 에너지를 확보하는 셈이다. 미국의 한 매체가 달 탐사 경쟁을 두고 '인류 역사상 최대의 채굴 열풍'이라고 할 정도로 그 가치는 어마어마하다. 또한, 달은 화성 등 미래의 행성 탐사 임무에서 쓸 기술을 실험하는 좋은 시험장의 역할을 할 수 있다.

하지만 이게 전부는 아닐 것이다. 내가 사는 세상 너머, 미지의 공간인 우주를 더 알고 싶다는 간절함이 인류를 달로 이끌고 있다. 인간은 탐험하는 존재이다. 인간의 중요한 본능 중 하나가 바로 탐사 욕구이기 때문이다. 거기에 더해 우리가 어떤 존재인지 알고 싶다는 그 실존적 호기심이 우리를 우주로 향하게 하는 것일 수도 있다.

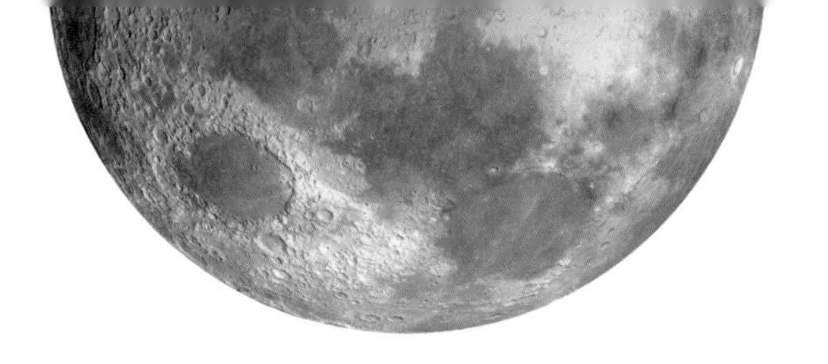

창백한 푸른 점

다음 페이지의 사진은 지구를 떠나 61억km를 날아가던 보이저 1호의 렌즈를 돌려 0.12픽셀에 불과한 지구를 촬영한 모습이다.

저 창백한 푸른 점이 우리가 살아가고 있는 이 지구이다. 우리의 집이자, 우리 자신, 우리가 사랑하는, 혹은 존재조차 모르는 세상의 모든 사람이 이 작은 점 위에서 일생을 살아간다. 모든 기쁨과 고통의 순간이 이 점 위에 놓여 있다.

"Hello from the children of planet Earth. (지구의 어린이로부터 인사를 건넵니다.)"

"안녕하세요."

"Bonjour tout le monde.(여러분 안녕하세요.)"

하얀 점이 지구

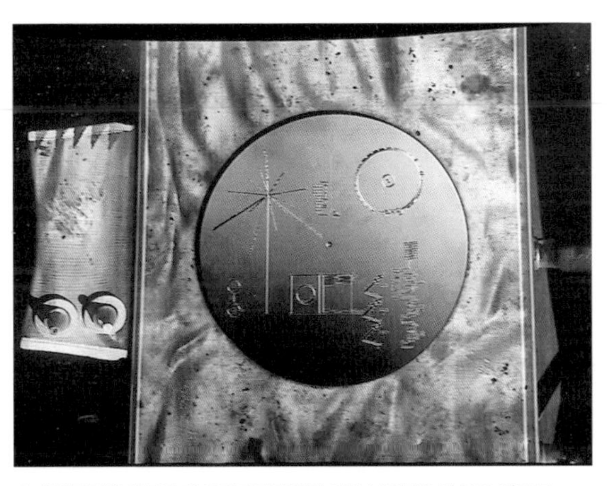

외계 생명체에 인류의 메시지를 전달하기 위한 보이저호의 골든 레코드

1977년 지구를 떠난 우주선 보이저호에는 우주에 보내는 인류의 인사 메시지가 들어있다. 금빛의 음반, '골든 레코드'에는 55개국 언어로 된 인류의 인사 메시지를 포함해 다양한 인류의 모습과 음악이 담겨 있다. 그뿐만 아니라 레코드를 작동시키는 방법까지 친절하게 그려져 있다.

말하자면 골든 레코드는 우주라는 망망대해에 던져진 유리병 속의 편지이자 인류가 우주에 보내는 애틋한 러브 레터이다. 머나먼 별, 어느 행성에 누군가 존재한다면 이 레코드를 발견할지도 모른다.

지금도 보이저호는 시속 56,000km가 넘는 빠른 속도로 우주를 향해 날아가고 있다. 하지만 곧 에너지가 바닥나 몇 년 후면 모든 작동이 멈출 것이다. 결국, 지구와의 교신도 끊어질 것이다. 비록 보이저호의 응답이 멈추더라도, 우주 심연에 다가가려는 인류의 도전은 멈추지 않을 것이다.

우주라는 큰 무대에서 지구는 아주 작은 점에 불과하다. 이 작은 점 위에서 우리는 치열하게 사랑하고, 고민하고, 울고, 웃으며 살아간다. 우리가 어디에서 왔는지, 어디로 가는지 그 답을 찾기 위한 여정은 계속될 것이다.

에필로그

은하수를 보신 적이 있나요?

불가리아 출장 때였습니다. 흑해 연안의 도시로 향하던 고속도로 위, 잠시 휴식을 취하고자 밖으로 나오자 은하수라는 말 그대로 밤하늘에 강이 흐르는 풍경이 펼쳐졌습니다.

언젠가 우리가 돌아가야 할 시원(始原)의 모습, 푸르다 못해 검게 보이는 장대한 별들의 향연. 그 압도적인 광경이 아마도 제가 우주에 관심을 가진 모티브였을 겁니다. 우주에 대한 관심은 자연스럽게 '나의 존재란 무엇인가?'라는 질문으로 이어졌습니다.

우리 모두는 어딘가로부터 왔습니다. 부모의 부모, 한반도에 발 들인 사람들, 최초의 인류, 포유류, 그리고 생명의 시작이었을 단세

포 생물… 이렇게 생각을 거듭하다 보면 도대체 이 모든 것들이 어떻게 시작되었는지 궁금해집니다. 우리가 우주를 동경하고 연구하는 근본적인 이유는 바로 이것이라고 생각합니다. 우리는 어디에서 왔을까요? 우주는 어떻게 생겨난 것일까요?

옛사람들은 신화와 전설로 우주의 섭리를 해석했습니다. 밤하늘의 별을 보고 길흉을 점치고 한 해 농사와 더 나아가서는 왕조의 운명까지 예측했죠. 애초부터 인간이란 신들의 의도가 숨어 있는 자연작용에 좌우되는, 미약한 존재라고 여겼습니다.

신화적 세계관은 이제 과학으로 대치되어 별의 움직임과 우주의 과거, 미래까지 인지하는 영역이 되었지만, 가장 중요한 한 가지는 옛사람들과 가치를 공유합니다. 인류는 우주적 존재라는 사실입니다.

138억 년 전, 빅뱅으로 뜨거웠던 우주에서 최초의 수소 원자가 만들어집니다. 수소 가스는 한 군데로 뭉쳐지며 핵융합을 일으켜 최초의 별이 생겨납니다. 크고 무거워진 별 중 일부는 초신성 폭발을 일으켜 철과 같이 무거운 원소를 우주 구석구석까지 날려보냅니다. 그리고 45억 년 전, 태양이 만들어지며 지구가 생겨났고, 이 모든 우주의 원소들이 모여 생명이 탄생합니다.

생명이 어떻게 생겨났는지는 아직도 과학이 밝혀내지 못한 미지의 영역이지만, 인류가 우주의 신비롭고 조화로운 작용 속에서 생겨났다는 사실은 변함이 없습니다. 우리는 우주의 산물인 것입니다.

우주적 존재로서의 인류의 자각, 이것이 우리 시대를 관통하는 가장 중요한 문제의식이라고 생각합니다. 이렇게 본다면 지구상의 많은 다툼과 분쟁이 하찮게 여겨집니다.

다른 나라, 다른 민족이라고 서로 싸우고 작은 이익을 얻기 위해 지구를 파괴하는 행위가 얼마나 어리석은 짓인지요. 선물처럼 주어진 생명, 그리고 지금까지 알려진 우주에서 유일한 지적 존재인 인류. 우리는 사명감을 가져야 합니다.

이제 인류는 우주와 미래를 향해 나아갑니다. 먼 하늘의 별을 단순히 상상하는 것이 아니라 실제로 우주선을 쏘아 올려 관측하고 탐사합니다. 달에 또 한 번 유인 우주선을 발사하려 합니다. 화성을 테라포밍하여 인간이 살 수 있는 곳으로 만드는 계획을 세우고 있습니다. 우주 탄생의 순간까지 내다볼 수 있는 새로운 우주망원경을 만들고 있습니다.

멋지지 않나요? 대한민국은 출발은 늦었지만, 이제라도 동참해야 합니다. 우주는 새로운 세대가 꿈꾸고 개척할 무한한 미래, 그 자체입니다.

_가장 먼 우주에 가장 먼저 도착할 누군가에게

KBS 프로듀서 나원식

참고 자료

1부: 지구 최후의 날

- 이정호, "날랜 공룡 '티라노사우루스' 알고보니 느림보?", 경향신문, 2021.04.25. https://www.khan.co.kr/science/science-general/article/202104252123025

- 이정모, "[이정모의 자연사 이야기] 티라노사우루스는 사냥꾼인가? 시체청소부인가?", 중앙일보, 2015.03.21. https://www.joongang.co.kr/article/17404649#home

- 이광식, "[우주를 보다] '금 캐는 소행성'...놀라운 구성 성분들", 서울신문, 2015.09.16. https://nownews.seoul.co.kr/news/newsView.php?id=20150916601009

- 엄남석, "공룡 대멸종 소행성 '가장 치명적 각도'로 지구와 충돌", 연합뉴스, 2020.05.27. https://www.yna.co.kr/view/AKR20200526133400009

- "'지구의 허파, 아마존...공룡 멸종시킨 소행성 충돌이 만들었다'", BBC NEWS, 2021.04.04 https://www.bbc.com/korean/news-56624531

- 윤기은, "망가진 '지구의 허파' 아마존의 경고", 경향신문, 2021.07.15. https://m.khan.co.kr/view.html?art_id=202107152116015#c2b

- 권혁주, "공룡 멸종 불렀다", 중앙일보, 2002.07.31. https://www.joongang.co.kr/article/4320300#home
- 트린 주안 투안, 『마우나케아의 어떤 밤』, 2018, 97쪽
- 한국 천문연구원,"한국, 세계 22개국과 "소행성의 날" 참여 - 매년 10만 개, 10년간 100만 개 소행성을 발견, 추적하는 전 지구적 캠페인에 동참한다!", 2015.06.30. https://www.joongang.co.kr/article/24012641#homehttps://www.kasi.re.kr/kor/publication/post/newsMaterial/2546
- 최준호, "2029년 4월, 악의 신 아포피스가 지구 온다…충돌확률 2.7%", 중앙일보, 2021.03.16.

2부: 화성 인류

- 항공우주연구원, https://blog.naver.com/karipr/222270732685
- 제시카 커시 유튜브, https://www.youtube.com/watch?v=lTOBgxEBI1Q
- 『우주 행성 3부작 #1. 화성으로의 여행 가이드』, BBC, 2017 방송.
- 곽노필, "지구보다 춥지만…화성에 먼저 새봄이 찾아왔다", 한겨레, 2021.02.04. https://www.hani.co.kr/arti/science/science_general/981774.html
https://www.hani.co.kr/arti/science/science_general/981774.html
- 유지한, "[IF] 물 찾고, 방사선 막는 동굴 탐색… 10년 뒤 火星에 살게 될까", 조선일보, 2020.06.04. https://www.chosun.com/site/data/html_dir/2020/06/04/2020060400382.html
- 『해수면보다 낮은 다나킬 대평원』, KBS, 2010.04.14. 방송

3부: 코스모스 사피엔스

- 네이버 지식백과, https://terms.naver.com/entry.naver?docId=3571396&cid=58941&categoryId=58960
- https://www.mk.co.kr/news/it/view/2015/11/1128075/
- https://cm.asiae.co.kr/article/2016012409033060163
- https://www.yna.co.kr/view/AKR20210423125000009
- https://www.mk.co.kr/news/it/view/2021/08/831168/
- https://www.hani.co.kr/arti/science/science_general/992114.html#csidx8ffcffccb092be1836e5264093c3a6a
- http://www.onews.tv/news/articleView.html?idxno=70182
- https://www.sciencetimes.co.kr/news/%EC%A4%91%EA%B5%AD-%ED%8F%AC%EC%8A%A4%ED%8A%B8-%EC%9A%B0%EC%A3%BC%EC%A0%95%EA%B1%B0%EC%9E%A5-%EC%8B%9C%EB%8C%80-%EB%85%B8%EB%A6%B0%EB%8B%A4/
- https://www.hani.co.kr/arti/science/science_general/992114.html
- First private passenger, https://www.youtube.com/watch?v=zu7WJD8vpAQ
- https://www.hani.co.kr/arti/science/future/1016666.html
- https://terms.naver.com/entry.naver?docId=5741536&cid=60217&categoryId=60217
- https://www.hankyung.com/it/article/2019052056711
- https://nownews.seoul.co.kr/news/newsView.php?id=20210722601007
- http://www.sisunnews.co.kr/news/articleView.html?idxno=41605

- https://m.blog.naver.com/PostView.naver?isHttpsRedirect=true&blogId=megengers&logNo=220777501969
- https://www.youtube.com/watch?v=5L6eqgnmlPo
- https://m.blog.naver.com/designpress2016/222271934983
- https://zdnet.co.kr/view/?no=20210309102021
- http://m.weekly.chosun.com/client/news/viw.asp?ctcd=C08&nNewsNumb=002649100021
- https://news.kbs.co.kr/news/view.do?ncd=4087906

이미지 출처

25페이지 https://movie.naver.com/movie/bi/mi/photoView.naver?code=13500

30페이지_1 https://pixabay.com/photos/space-universe-solar-system-4641363/

30페이지_2 https://pixabay.com/illustrations/jupiter-planet-astronomy-space-6708922/

68페이지 https://www.flickr.com/photos/europeanspaceagency/42642031811

69페이지 https://www.youtube.com/watch?v=dpmXyJrs7iU

74페이지 https://www.shutterstock.com/ko/image-illustration/this-image-represents-2002-aj129-asteroid-1009524220

77페이지 https://movie.naver.com/movie/bi/mi/photoView.naver?code=19063

99페이지 https://movie.naver.com/movie/bi/mi/photoView.naver?code=47370

104페이지 https://movie.naver.com/movie/bi/mi/photoView.naver?code=45290

106페이지 https://www.shutterstock.com/ko/image-illustration/black-hole-science-fiction-wallpaper-beauty-1486197107

108페이지 https://www.shutterstock.com/ko/image-photo/international-space-station-on-orbit-earth-1453899434

111페이지 https://www.shutterstock.com/ko/image-photo/space-station-orbiting-earth-elements-this-283192943

117페이지 https://pixabay.com/ko/photos/%ec%97%98%eb%a1%a0-%ec%82%ac%ed%96%a5-%ed%99%94%ec%84%b1-%ec%9a%b0%ec%a3%bc-%ed%83%90%ea%b5%ac-6083103/

133페이지 https://earthobservatory.nasa.gov/images/49958/two-low-pressure-systems-northeastern-pacific

143페이지 https://apod.nasa.gov/apod/ap060926.html

144페이지 https://commons.wikimedia.org/wiki/File:Artist's_impression_of_Mars_four_billion_years_ago.jpg

159페이지 https://movie.naver.com/movie/bi/mi/photoView.naver?code=129049

174페이지 https://www.jpl.nasa.gov/images/pia23764-perseverance-on-mars

176페이지 https://www.jpl.nasa.gov/images/pia23882-nasas-ingenuity-mars-helicopter

181페이지 https://commons.wikimedia.org/wiki/File:Terraforming_Mars_transition_horizontal.jpg

199페이지 https://www.flickr.com/photos/nasahqphoto/16944927125

201페이지 https://picryl.com/media/ocular-health-oh-fundoscope-exam-bc67ef

206페이지 https://commons.wikimedia.org/wiki/File:Sunset_from_ISS.jpg
https://www.flickr.com/photos/nasa2explore/30509478486

213페이지 https://ko.depositphotos.com/stock-photos/mir-space-station.html
https://www.flickr.com/photos/nasa2explore/44722287735

216페이지	https://commons.wikimedia.org/wiki/File:Tianhe_before_launch_04.png
217페이지	https://ko.wikipedia.org/wiki/%ED%86%88%EA%B6%81_2%ED%98%B8#/media/%ED%8C%8C%EC%9D%BC:Model_of_the_Chinese_Tiangong_Shenzhou.jpg
239페이지	https://www.flickr.com/photos/rocor/34366630840
254페이지	https://snl.no/atmosf%C3%A6ren
271페이지	https://www.flickr.com/photos/24354425@N03/49869069688 https://www.flickr.com/photos/nasa2explore/51746252282/

KBS 대기획

키스 더 유니버스

초판 1쇄 인쇄 2021년 12월 21일
초판 1쇄 발행 2022년 1월 5일

지은이 KBS 〈키스 더 유니버스〉 제작팀
펴낸이 권기대

펴낸곳 (주)베가북스 **출판등록** 2021년 6월 18일 제2021-000108호
주소 (07269) 서울특별시 영등포구 양산로3길 9, 2층
주문·문의 전화 (02)322-7241 팩스 (02)322-7242

ISBN 979-11-6821-010-3 03400

* 책값은 뒤표지에 있습니다.
* 잘못된 책은 구입하신 서점에서 바꾸어 드립니다.
* 좋은 책을 만드는 것은 바로 독자 여러분입니다.
(주)베가북스는 독자 의견에 항상 귀를 기울입니다. (주)베가북스의 문은 항상 열려 있습니다.
원고 투고 또는 문의사항은 vega7241@naver.com으로 보내주시기 바랍니다.
* (주)베가북스에 대한 더 많은 정보가 필요하신 분은 홈페이지를 방문해주시기 바랍니다.

vegabooks@naver.com www.vegabooks.co.kr
http://blog.naver.com/vegabooks vegabooks VegaBooksCo